豆瓣阅读

写给那些『**想要去追梦**』，

或者『**正在迷茫，不知道怎么办**』的家伙。

你可以拥有你想要的生活

You could have the life you want

艾小玛 作品

北京联合出版公司
Beijing United Publishing Co.,Ltd.

Emma 艾小玛_

喜欢艺术、食物、阅读、语言学习、古典音乐。

我自认为是一个才疏学浅的人，既不能为任何人输送三观，也无力去指导别人的人生。但是，我又觉得帮助他人是重要的。所以，我写作更多是出于探讨与分享的心情。

我所相信的事情是，每个人在世上都有自己要走的路。不同的选择，不同的德行将会造就不同的结果，但愿人人都能完成自己的使命，找到归家的路。

豆瓣阅读热门专栏《你可以拥有你想要的生活》，于2014年2月12日正式上架发布。

微信 @Emma 艾小玛
微博 @ 小能手艾小玛

yoyo申_

2014年10月20日

当你开始奋斗，做一些什么的时候，自然会遭遇挫折和失败。失败并不是因为追求自己想要的生活，而是“没有使用正确的方法”。赞！

≈

一缕阳光_

2014年4月13日

喧嚣的世界，麻痹了心灵，在快节奏的生活中，已经很难停下脚步静静地思考！看到这个专栏，让我放慢了脚步，可以去想一些东西，思考一下，支持！支持！期待……

≈

等不到的离人_

2014年8月10日

做到自己想做的事，爱到自己想爱的人，对于大多数人来说是穷其一生也实现不了的梦，可我们都会带着这样的梦去奋斗。

序

※

[最性感的生活方式]

这本书的名字叫作《你可以拥有你想要的生活》。光看到这个名字，我相信，有许多人都会跳出来驳斥和指责我，因为在现实的情况下，绝大多数人都不可能拥有自己想要的生活，哪怕他勤奋努力，加班吃盒饭，也可能在三十五岁的时候依然是个无房、无车、无大城市户口的悲催小职员。我是同意这个观点的。无数人穷其一生，都无法获得自己想要的生活。甚至，你努力并不见得会被公正对待，属于你的位置仍然会被“有关系”的人所占据。

在这样残酷的现实情况中，人们的心脏变得坚硬麻木，开始使用娱乐化的态度来对待生活。从“认真你就输了”到“233333”。善意和同情变成愚蠢的代名词，企业欺骗顾客，穷人则嘲笑更穷的人“你活得苦是因为不努力”，弱者不互相帮助而选择去践踏更弱的人；至于勇气，则会被斥责为“不作死就不会死”。闷声发大财才是永恒的真理，尽管相信这条真理的人从来没有发过财……出于种种难以言说的原因，许多人被迫或自愿地放弃了严肃思考；然而，放弃严肃思考将会带来致命的后果——精神世界的坍塌，取而代之的是永远无法填满的虚无与迷茫。

这里所说的严肃思考，并不是指古板得像个八十岁老头。严肃思考是追问自身，审视环境，找出深陷困境的原因；严肃思考是不畏惧未知，是拨开迷雾，是看清正义与邪恶；严肃思考是绝望生活中的阳光，它授予光明与智慧，让你找到立场与底线。娱乐化的语言和放纵的生活态度，即使不去捍卫也会长久盛行；而勇气、正义感、善良、同情心、严肃思考，这些稀罕而宝贵的品格，稍加不慎就会被彻底埋葬。

我知道世界不是粉红色的。

有人在出生的时候就拥有很好的资源，所以就算选错，也很容易有重来的机会；有人却拥有得很少，注定要一个人打拼奋斗。我不知道你是后者还是前者，如果是前者，那么，可以尝试帮助“没有那么多优势”的人。如果你是后者，请不要太早就退缩或放弃，它并不意味着你就没有追寻幸福的权利。

对于没有资源的年轻人，想要实现自己想要的生活、梦想是极其不容易的。出身和家境会限制一个人的眼界，而被限制的眼界又会形成认知和性格上的偏差，所以，这样的年轻人在进入社会后需要花费大量的精力去修正自己。从修正自我到抵达梦想，这注定是一条崎岖而充满挑战的道路，你不仅要知道自己想要什么，还要知道如何一步一步地走过去，并且要不断地打磨升级自己的技能包；你既需要站在高端看全局，也要深入每个细节。在这条道路上，你会摔跤、会流泪、会想要退缩。在深陷无奈之时，严肃思考就是慰藉心灵最好的工具，它让你看清楚自己的处境和危机，也让你找到新的机会。娱乐化的言语和放纵的生活态度教会你麻醉意识，躲避困境；而思考则是一条牢靠的绳索，将你从万丈深渊中引领而出。

作为作者，我希望写一些能够引发读者思考的文字。我不想写人生厚黑学，励志鸡血，或者告诉你世界很美好，只要努力就会有回报。在最开始写这本书的时候，我就是怀着较为严肃的态度进行撰稿的，我希望能给深陷迷茫困境的读者一些思考的动力。如果这本书能够重新点燃你对生活的勇气和善意，那么，这将是我莫大的荣幸。

谢谢所有的读者，希望你们能够愉快，也希望你们都能按照自己的意愿去生活。忠于自我，心怀善意，这就是我认为的最最最性感的生活方式。

艾小玛

[目 录 ◆ CONTENTS]

chapter

01

※

你到底想要什么样的人生

※

【每个人都值得拥有第二次机会】

我大概永远不会忘记，自己站在岳阳路的罗森便利店，一边哭，一边和朋友打电话喊着："到底怎么样才能幸福啊？"那一刻我觉得人生就要完蛋了，想干脆放弃就好了。庆幸的是，本能的"不甘心"促使我站起来，好好探索自己的人生，才让生活步入了正轨。最后，做到了自己想做的项目，爱到了自己想爱的人。

这个过程中，走过弯路，流过不少眼泪和汗水。渐渐地，我开始明白，想拥有"自己想要的生活"，必须具备很多能力。这种能力并不是"厚黑""狠毒"之类的，它是自制力、是道德底线、是逻辑思考的能力、是判断是非的能力、是选择的能力。

这些能力看起来一点儿都不难，实际上却不是这样的。

对一个人来说，就连最基本的美德，比如：努力、情绪稳定、阅读能力，都是需要不断学习才能掌握的。有许许多多不够幸运的人，在成长的道路上一直缺乏这样的学习机会。

大概觉得每个人都值得拥有第二次机会，也觉得把自己的经历和心得分享出来，能让大家少走一些弯路也是好事儿，所以开始写起了这本书。哪怕只有一个句子对你有帮助，我也会觉得很开心。

※

※

你到底想要什么样的人生

作为开篇，我们还是讨论一点儿宏观的问题。就是，你到底想要什么样的人生？

当我们从婴儿长大成人以后，就必须到社会上扮演自己的角色，家人也会赋予我们各种期望，他们会用自己的价值观来衡量你、评判你。

当期望的尺度一旦过界，就会变成令人讨厌的行为，他们要求你变成他们想要的人，要求你给他们“争面子”，否则你就是让人操心的熊孩子。

你想嫁给自己喜欢的男人，他们说嫁个有房有车的老实人比较好；

你想去念 PHD，他们要求你赶紧嫁人结婚；

你想去外企上班，他们要求你快回家考公务员；

你想去冒险，他们说有什么好冒险的，还不快给老子脚踏实地地活着啊……

这些人就好像你生命中“天然的上帝”，要求你必须尊崇他们的意愿。他们有可能是你的老师、父母，或者其他长辈。

但是，我在这里要问一个问题，真的要按照他们的意愿来生活吗？按照他们的意愿来生活就会幸福吗？按照他们的意愿来生活，在你临终之际，你会说“我度过了极好的一生”吗？

如果你的答案是犹豫，或者否定，那你就不要按照他人的意愿来生活，而是要认真考虑你自己想要什么样的人生。即使这个目标在别人看起来多么不切实际，但是你必须拥有一个“想要的东西”“想要的生活”。

这份执念，会给予你强大的力量，成为你进步的源动力。

仔细地思考，你期待什么样的生活？如果现在没有明确的答案，至少多尝试尝试，带着问题上路。你可能还要活六七十年，所以不要为别人的面子而凑合，你值得拥有更好的人生。

※

让我们来谈谈失败的问题

当你开始奋斗，做一些什么的时候，自然会遭遇挫折和失败。失败并不是因为追求自己想要的生活，而是“没有使用正确的方法”。

在这里举个例子：

你的目标是打开一个罐头，却选择塑料勺子作为工具，所以必然会导致失败的结果。打开罐头这个事情没有错，问题在于没有使用正确的工具。

心灵鸡汤负责鼓吹怎么用勺子打开罐头，而我更希望和大家讨论“如何找到合适的工具”。

在拼命努力之前，最重要的是分辨对错，如何思考问题，如何一步一步地规划目标。一个在死胡同里撞墙不懂得反思的人，还不如那只放石头到瓶子里取水喝的乌鸦。

※

理想和现实的差距，一点儿都不可怕

在追求“我想要的生活”之前，你要正视现实和理想的差距。世界上最可怕的不是距离遥远，而是你完全不懂得第一步要做什么，第二步要做什么。

请记住，每个阶段都有你需要的装备：上学的时候你的装备可能是“良好的学习方法”“选择适合的题目”“怎么选一个专业”；进入社会，你需要对自己的装备进行全方位的升级，里面可能包含了“如何识别错误的恋人”“拥有在职场升迁的能力”之类的。每个阶段都需要相对应的能力，后续的文章我也会讲到如何获取你的能力。

如果你现在站在 A 点，梦想中的生活在 Z 点。看似很遥远，其实一点儿都不。比起关注 A 到 Z 的距离，你应该集中精力在 A 到 B、B 到 C 之间的距离，每一次行走都认真地绘制地图，小心翼翼地走好每一步。

※

我们一起来上路吧

人们会对失败者说：“醒醒吧，不要再追求梦想了，老老实实过你的日子吧。”也有人说：“生活就好像强奸，既然无法反抗就要享受。”

但真的有办法享受吗？对着生活跪地求饶真的会有用吗？老老实实

把零花钱都给学校的恶霸，他下次就不会向你要钱了吗？

不，我觉得他们都是扯淡。

或许你可以假装幸福，但是大脑中的化学物质不会骗人。深夜醒来看着身边的那个人，你是否会觉得宽慰；早晨起来去上班，是否会觉得精力既充沛又快乐。这些点点滴滴的感受，骗得了别人，却骗不了你自己。

如果你是一个犹豫要不要上路的人，或者正站在十字路口，可以继续往下看。在这本书中，我会探讨个人、爱情、职业、家庭、人际关系等多个方面的问题，也会介绍一些解决问题的有效方法。如果你对某个话题感兴趣，希望找我来讨论，也请豆邮我。

谢谢支持！（鞠躬）

chapter

02

※

就这样，做好
每一道人生选择题

我们每天都面临很多选择。

小到中午要点一个什么外卖，大到择校、择偶、选职业。每一种选择都会带来不同的后果，也会给你带来不同的收益。有一些错误，错就错了，不会让你付出致命的代价；还有一些错误，能直接把你送到地狱十八层。

普通人面临的选择不是“拯救地球还是召开国际会议”这种大事儿，而是回老家还是留在北上广、考公务员还是读研、选什么样的人当另一半……这些事情看起来无比琐碎，却又决定了我们的命运。如果人类一思考上帝就会发笑，那他老人家应该已经笑死了吧。

※

在做选择的时候，当然要从了解自己开始

你身边的朋友大概也因为自己的选择，过上了不同的人生。比如说，A 聪明绝顶，GPA 高到吓人，又爱做科研，自然申请奖学金去读 PHD；B 可能出身平凡，二本院校，但是很有毅力，求知欲强，也很用心，在大城市闯荡二至三年，也能在大公司担任不错的职位；C 喜欢吃喝玩乐，靠着爸妈找了一份国企的工作，过着打打牌唱唱歌的日子，虽然没做出什么厉害的事情，但是他高兴。

世界上有很多条道路，没有哪一条是非走不可的，选择奋斗还是选择不奋斗，都是了不起的事情。最重要的是这个选择一定要适合你，能让你快乐，能提升你的生活质量。

在做选择前，比起听三姑六婆的建议，更靠谱的做法是，你首先要问问你是什么样的人。

你可以从自己的个性开始，例如，你是否可以承受压力？你是否富有创造力，抑或是逻辑严谨的生物？在人际交往中，你倾向于和他人交流接触，还是更愿意宅在家里？面对冒险，你是兴奋，还是更期待安全的生活方式？

同时，你需要问问自己，你拥有什么技能？比如说你期待成为一个设计师，你是否具有美感，是否能够熟练使用设计软件？如果不清楚自己需要什么技能，那就请多看看不同岗位的招聘广告。通过了解自己的个性和技能，分辨出自己应该做什么，不应该做什么。

在做选择的时候，拥有什么比你想要什么更重要。

大部分人都希望成为金字塔上最顶端的人，但你要确认自己是否具有这个天赋和意志力，有一些行业没有天赋是根本无法做出成绩的。放弃这座金字塔并不意味着放弃人生，而是去爬一栋更适合你的高楼。你虽然登不上这座金字塔，但你有可能登上国贸三期的顶层。认清楚自己，为的是不在“不恰当”的领域里浪费时间，虚度光阴。

※

[如果你迷茫，请至少去尝试]

如果你读完前面这一段，觉得对自己一无所知，甚至更加迷茫了，恭喜你，你就是传说中的迷茫党了。迷茫党的困境在于，完全不知道自己能做什么、喜欢什么，但是又面临着选择。

对于站在十字路口的迷茫党，我有一些小小的建议：

不要放纵自己。拜电视剧和流行文化所赐，大家开始觉得旅行是一件很酷的事情，所以无论是学生还是上班族，都得了一种“遇到困难就休学旅行或者辞职”的病。迷茫是因为你知道得太少，拥有得太少，选择也不够好，所以出去玩。事实上，出去玩解决不了任何问题，反而会浪费时间，加剧了问题本身的难度。

多读书。这是我个人的良心建议，多读科普书和学术书籍。这些书能帮助你更好地看世界，培养有逻辑的思维方式，把你从一团糨糊中拯救出来。

多尝试。别站在这里想，找一些“差不多”的实习机会先做起来；没有实习机会也要给自己找点活儿。别太早开始挑三拣四，尝试不同的事情才会让你找到天赋、喜好所在。

多想想如何达到目标。想去某某公司上班，或者应聘某某职位，那就正儿八经地拿出招聘简章。好好看看对方需要什么样的人，看看自己的匹配度有多少。在这里特别提醒，世界上有一些无能为力的目标，比如某些非常需要裙带关系的单位。在不公平的竞争环境下，能力不是第一位的，你是谁谁谁的谁才是最重要的。没背景的最好不要往里面挤，挤了也对自己的职业发展、经济收入没有什么好处，还会遇到很多无法突破的天花板。

※

认真思考，再去做决定

在我们做选择的时候，就要意识到它是有风险的。你要仔细评估这个风险，不要意气用事，不要靠着蛮撞的冲动就踏上冒险的旅程。你当然有可能成功，但是更可能摔个半死。我上学的时候，专业老师曾经对我说过一句话，“如果你长大以后，有人告诉你想做什么就做什么，不要想太多，那他毫无疑问是一个思考能力有缺陷的笨蛋。或者是别有用心的坏人”。

人并不是依靠力气大，或者跑得快而活到今天的。我们是因为具有思考的能力，创造了合适的工具，合理规避风险，才顺利地繁衍到了今天。如果看到坑就往下跳，看到路就直接往前走，是绝对不可以的。

思考，不是愉快的事情。它意味着你不能把脑袋埋在沙子里，你被迫认真地审视眼前的困境。

但是，请相信我，这总比你站在困境前，脑子却一片空白要舒服得多。如果你现在正打算做关键的选择，可以思考以下问题：

- 我到底想要什么？
- 这件事情的风险是什么？
- 事情最糟糕的结果可能会怎样？最好的情况会怎样？一般好的情况又会怎样？
- 我现在、三个月以后、一年以后需要做些什么？

- 如何避免最糟糕的情况？如果发生了应该怎么办？
- 我是否能承担这一切？能否为自己的行为负责？

你要思考这个事情最坏的结果，并且思考如何避免这个结果产生。如果仔细思考后，你仍然希望做某个选择，那就大胆地做吧。

做好撤退路线，并不意味着你不能全身心投入。当发生意外、不可逆的情况出现时，请启动你的 Plan B。

想好再上路，可以避免不必要的伤害，还能帮助你确定“那件事情是否非做不可”。

※

出来混，就得舍得沉没成本

选错了爱人，但是不舍得自己之前的投入，接着拼命地爱下去，觉得某一天就会好起来；

明明做了不合适的工作，但是想到自己的辛苦，以及眼红其他前辈的收入，就假装这一切是有希望的，继续忍耐下去；

……

有时候，我们很难承认“我选择错了”。

当理性（你心里觉得不对劲）和个人感受（想到自己付出了很多，依依不舍的情绪）发生冲突的时候，我们会开始为不正确的事情开脱。这个行为会让你在短期内获得舒适感，但是很快你会陷入另外一种困境——你开始渐渐看不清楚客观的事实了。

舍得扔掉“沉没成本”，是每个人必须学习的一课。它沉重、痛苦，令人不舍。我只能告诉你这个过程并不愉快，需要你咬牙切齿，竭尽全力，但是之后你会感谢它。因为扔掉沉没成本，避免使你成为一堆腐烂的苹果，可让你有力气面对未来的好运。

※

[选你所爱，爱你所选]

无论你选择了谁，或者选择了什么工作，它可能不是最好的，但是它必须是你喜欢的。以我的个人经验来说，宁可承担风险，也不要忍耐你不喜欢的生活。

如果你长时间生活在不愉快中，无论看起来多么风平浪静，它给你带来的伤害是无法避免的。你会心情低落，你会觉得自己一无是处，甚至你会变成一个絮絮叨叨歇斯底里的抱怨狂。那些符合世俗意义的好生活，如果你自己不喜欢，就不算是好生活。

每一个选择都是不容易的，谨慎用心地看待它，想好风险，然后选一个你最喜欢的。遇到困难，哭一场再站起来做下一道选择题。迟早有一天，你会和一切美好的事物相遇。

chapter

03

※

不要去奋斗，

而是要去热爱

※

不给钱，你也愿意做的事

自从我在豆瓣上写过几篇关于英语学习的文章后，就收到了很多同学的问题，比如问：“我根本不喜欢英语，但是我想学好它，应该怎么办呢？”“我不喜欢读书，怎么样才能把英语阅读弄好呢？”其中有一位同学说，自己天生不爱看书，后来看身边的同学都在学外语，自己也开始抱着书每天看，结果整个过程真是苦不堪言。尝试过各种学习方法，却仍然没有感受到任何的成就感、快乐，差不多半年过去了，他陷入痛苦的负罪感和煎熬中：一面想放弃，一面又觉得不能放弃。就这样，外语没有学好，而把睡眠质量给丢了。

其实不仅仅是这个男生，在生活中，我也经常听到很多人辛苦地为一件根本不喜欢的事情奋斗。小王因为听别人说会计有前途，所以不喜欢财务也拼命考证；小李看别人写代码赚钱，所以即使毫无天赋，也在天天看书报班学习……他们单纯地相信着，人必须上进、学习、奋斗，哪怕是忍着剧烈的痛苦，也要去做这些事情。虽然绝大多数的他们，最终都没有学得很好，但是我仍然对他们的意志力感到钦佩。要坚持做一件讨厌的事情，是很难，也很折磨人的。

除非你是很小的小孩子，需要去尝试不同的事情，拓展视野，去看看世界的全貌；否则，根本没有必要坚持做一件讨厌的事情。对于成年人而言，时间已经变得很少，想做成什么事情，就必须把所有精力都投入到某件事情上；那件事情，不一定是最赚钱的，而应该是那种——不给钱，你也愿意做的。

※

【让热爱与光辉洒满整个人生】

在很早很早以前的一个暑假，我在某琴行里做兼职老师。我认识的很多小孩子，他们根本就不喜欢练琴。哪怕家长天天逼着他们弹够三至四个小时，他们仍然弹得非常可怕，根本比不上那些每天只弹一个小时，却非常有热情的同学。热爱与不热爱的差距在于，前者是心甘情愿的，你让他做一件事情，他不仅能做好，而且还愿意去思考、去探索。热爱可以驱动好奇心，好奇心则是前进的最大动力，所以，人应该避免做自己不认同、不喜欢的事情，而把精力都投入到自己热爱的事情里。

要忍受痛苦，要去流血流泪才能成功，这句话未必是错的。但是，为自己不喜欢的事情流血流泪，和为自己热爱的事情倾其所有是完全不一样的。前者除了能把自己逼疯以外，我真不相信能做成什么事情。在竞争的这个过程中，大家比拼的不仅是勤奋，还有天赋、热爱程度、积极性等。本身就喜爱阅读的人，自然会为了阅读更多的书去把外语学好；自小就喜爱理科的人，就算博士再难读，也会由于求知欲被满足而感到快乐；天性就喜欢食物的人，学烘焙的时候也会学得比别人更好……能够热爱一件事情，本身就是天赋的体现。

在看着成功人士奋斗的时候，要做的事情不是对自己说“要拼命啊”“要加油啊”之类的，而是要好好想想，我真正喜欢的东西是什么？我愿意去探索什么事情？即使所有人告诉你要去上班，要去职场打拼的时候，你也是可以不那么做的。他们说有钱人家的孩子才有随心所欲的特权；我则觉得就是没有钱才要保持任性。反正现在已经一无所有了，继续上班也未必真能成为 CEO、CFO 什么的，倒不如把精力都投入到自己喜欢的事情上，没准儿还会有回报呢。再退一步说，就算没有回报，至少你高兴了，也学到经验了。面临人生选择的时候，应该学习把成功和不成功的事情扔到一边，把赚钱不赚钱扔到一边，摸着自己的心灵，看清楚究竟在热爱一些什么。在夜深人静的时候认真想想，世间究竟有什么事情，即使不给你钱，你也愿意为之付出的。那件事情，就是你应该去做的事情。

假如人的精力只有百分之百，你若是让不重要的事情占去百分之八十，那么你只能在自己真正喜欢的领域投入百分之二十，当你越不关注自己的天赋，天赋就会随之消失。不要勉强自己去做不喜欢的事情，这本身就是对生命的热爱，是尊重自我天赋的表现。

“这可能是我最后一次对你说教，所以，我决定要说一件最重要的事情。我希望，你能牢牢地记住这句话：这个世界的诱惑远比你想的多，通往成功的道路也比你想的要更多。无论你选择什么，我都希望那件事情是你真心热爱的。我希望你能坚持自我，善用天赋；不要浪费自己的才华，不要忘记自己所热爱的事情，也不要忘记你心中的激情。不要去奋斗，而是要去热爱。”这段话是离开学校的时候，T 教授写给我的一段话。他是一位真正的智者，也是我人生中重要的启蒙者。而且，这段话，也支撑着我度过许许多多迷茫的时光。现在，我把这段话写给你，希望你能找到愿意为之奋斗一生的事物，让热爱与光辉洒满整个人生。

chapter

0 4

※

要放眼未来，
也要活在当下

※

活在当下，旅行在当下

周末和 Emily 去吃饭，新开的寿司店东西太好吃，酒也不错，一不小心中午就喝得微醺了。我们俩不甘心太早回家，决定去附近逛逛街。碰巧这里开了一家书店，墙面刷着清新可爱的天蓝色，外面还种着漂亮的花花草草。我们俩很快就被书店的设计风格给吸引了，果断走进去看看。

店里的书不算多，大部分都是和旅行、心灵、情感类型有关；最右侧的柜子上还摆着烹饪烘焙类型的书籍，其中还有几本是蓝带烘焙，我随手翻了一下，觉得内容还挺有趣的。店虽小，人却一点儿都不少，书店的二层好像还正在举行着一个什么讲座，我好奇，非要拉着 Emily 去看看。

说是讲座，倒不如说是一个分享会更加恰当，主题叫作“活在当下，旅行在当下”，分享者是一个年轻女生，大约二十五岁，讲解着她是如何在国内外穷游的，还拍了许多漂亮的照片。这个女生的口才很好，故事讲得非常有吸引力，她认为年轻人都不应该把钱存在银行里，应该多出去走走，看看这个世界。

我不爱旅行，怕折腾，也怕阳光风沙大的地方，再加上有哮喘的毛病，哪怕真出去也要选一个不冷不热，酒店舒适的地方；在娱乐方面我能想到好多好玩的事情，但是旅行绝对不是其中一个。朋友们每次约我出去玩，我除了恳求他们给我带点 SK-II 来以外，别无他求。对于我这样的家伙来说，Google Map 足矣了。

即使是这样懒惰的我，听到这番宣讲还是会觉得——是不是真的应该出去玩玩。我问 Emily 怎么看，有没有觉得内心的小宇宙被点燃了，恨不得立刻就订机票来一场说走就走的旅行。

谁知道，Emily 冷哼一声：“你就听这人胡说八道吧。”

“人家怎么就胡说八道啦？”我的醉意尚未退去，“走吗走吗，你快请假，我们下周就出去玩。”

“稿子写好没有？书看完没有？”Emily 敲了一下我的脑袋，“年轻人要都是像她这样活在当下啊，我保证，过不了三年就得后悔。”

“你这样太刻薄啊！”

“刻薄个鬼！”Emily 说，“高福利国家的年轻人才配活在当下，就我们这物价，这房价，这社会福利，还活在当下？还敢不存钱？过几天出点啥事儿社会才不管你。”

“但是，可能老了就跑不动啦，”我说，“年轻力壮，精力充沛，正是乱折腾的好年纪。”

“呵呵。”Emily 冷哼一声，“我就不明白了，贪玩就直接说嘛，还非要打着看世界的旗号。看完世界以后呢？投身公益还是变成乔布斯了？社会地位提高了吗？租得起整套市中心的公寓了吗？要能折腾出名堂还行，折腾不出来就是费钱又费时间。”

“可是，不是每个人都有直面现实的勇气的啊。”我耸耸肩，“不是每个人都像你一样，受伤以后第二天就会康复；失恋以后没几天就能交到特别好的男朋友。对于一些人来说，可能旅行是唯一能让她觉得有成就感的事情啊。”

“现在开心有什么用啊，等以后租不起房子的时候，就等着哭吧。”

“她们就是想看看世界啊。”

“看世界啊？”Emily冷哼一声，“那种坐在教室里，什么都学不明白的人，毕业以后好吃懒做就成看世界了？我就不明白了，老师天天给他们讲课，他们啥也学不明白，旅行就能学明白了？除了学会无病呻吟，写几句心灵鸡汤，说几句狗道理，还能看出啥？就那智商，还不如买本《基础社会学》看看呢。”

我吃得太饱，困得不行，实在争不动，对Emily翻了一个白眼，就去收款处结账了。

※

[物质和精神]

说起来很有趣，和Emily讨论完毕这个问题以后，豆瓣上一个旅行小组里突然冒出一个帖子。LZ出生于一九八零年前，是一个资深的旅行爱好者，从毕业到现在，已经去过很多地方，也拍了很多漂亮的照片，遇到很多有趣的人。但是，LZ突然也陷入一个困惑中，因为常常要去旅行的缘故，这些年总是辞职旅行，履历上的经历断断续续的；更加纠结的事情是，同龄人已经攒下一定经济基础，而自己的银行存款加上余额宝，加起来才不到两万块钱。

在三十二岁生日的那一天，她突然发现，在生活中除了好几个文件夹的照片，还有一叠明信片以外，几乎没有剩下什么东西。虽然有一些网友在下面安慰她，但是大部分人都嘲笑她说什么“得了便宜还卖乖”“旅行这些宝贵的精神经验，根本不是金钱可以计量的”诸如此类的。

在很多讨论中，大家把物质和精神对立起来，甚至认为精神是优于物质的，而我则更愿意把它们看成一个整体。好基友曾经向我科普过一个知识，就是社会学家在大量关于贫穷的研究中发现，贫穷更容易导致人变笨，然后逐步进入一个恶性循环，而本来物质条件比较好的人，恰恰由于时间自由，不必日日思考如何不被饿死，如何生存下去，反而拥有更多时间去学习，获得更多提升个人能力的机会。

不知道这位后悔当初旅行太多的 LZ 是不是也陷入了这样的困境中。年轻的时候，吃住在隔断间里，和朋友喝掉一瓶啤酒就能高兴很久，所以辞职去旅行是一件相当潇洒的事情，也会成为“活在当下”的榜样；只是，年纪大了，身体机能什么的都在急速下降，稍微吃点苦就马上腰酸背疼，除了自己生活以外，也要考虑怎么照顾父母养老的问题。

LZ 在帖子里有一段话，大概的意思是别只考虑旅行玩耍，这种生活不是这个国家的普通人能够承担的。可能对于有钱人家的孩子来说，他们有的是犯错、放荡折腾的机会，因为钱赋予他们自由，也赋予纠正错误的可能性；作为普通人，很难承担这样的代价，三十岁还没有出点成绩，以后的日子自然就不容易了。

※

※

[自由生活的基石]

说起来，有钱人的后代之所以能够更加出色，不仅仅是由于社会资源大量倾向的缘故，更多是因为有钱，犯错总能收拾好，可以尝试很多后再决定去做自己最喜欢的那件事情。普通人缺乏这些资源，所以一定要更早、更快地做决定，千万不要磨磨叽叽耽误时间，认准一个目标就要全心全意做到底。通往成功（相对成功）之路，有三个最核心的技能包：智力、意志力、行动力，每个人在构思完人生目标以后，都应该好好检查一下技能包，缺什么就赶紧补什么。

实际上，无论是投身 NGO，还是放弃工作搞学术，或者是决定要为人类自由而奋斗，这些折腾实际上对自己、对社会都有比较正面的意义。甚至说，你的梦想就是环游世界，当个小清新到处拍拍照，也没什么不可以。

只是，无论如何，都千万不要太耽误赚钱和念书，这两样都是自由生活的基石。当梦想的机会降临之时，它们能帮你更好地抓住、实现梦想，否则其他人打算出门度假的时候，你却深陷于现实的杂物之中。我们这一代人注定是辛苦的，独生子女养老的压力会非常大，社会福利的不健全使每个人都是受害者，即使你决定不结婚、不生孩子，父母和自己的医疗、住房、食物安全同样是值得考虑的问题。要从这个困境中解脱出来，唯一的方法是完善技能包。

有技能包，有钱有自由；没有技能包，看遍天下风景也难有好生活。

chapter

05

※

写给大龄青年的人生夜话

有一天，我在豆瓣广播里抱怨：“完全不知道这一期专栏写什么啊！！”一个好心的家伙建议我写写大龄青年。我心里惊喜地想，太棒了，这个话题简直能洋洋洒洒地写上一天呢，什么教大家“你要去相亲啊”“赶紧结婚算了吧”，或者干脆站在传统价值观的对立面，大肆宣扬：“结婚？不，我们不结婚，我们要做自己！”反正吧，讨论这个话题只要观点够极端，就能讨好不少读者。

当我打开Word打算乱写一气的时候，却觉得“唉，我们还是认真聊聊这个话题吧”。我觉得人一旦年纪稍长，能失去的东西就变多了，所以，来聊聊“大龄青年”的人生与爱情吧。

我一直觉得“大龄青年”是一个模糊的定义，到底多大算大？在小城市，二十三岁已经是“大到不行的青年”了，而在一线城市，二十八九岁还能蹦跶着说“三十岁才不算晚婚”；对于那些极其迫切想结婚的男女，他们刚到二十岁就已经毫不犹豫地给自己贴上“我老了，我要结婚”的标签了。

在我家的亲戚中，T小姐算是典型大龄青年的代表，至少，她是那么看待自己的。

T小姐喜欢向我抱怨工作不顺心，比如，闺密结婚以后彼此就疏远啦，交男朋友这件事情从来没有靠谱过，老板是一个不占便宜会死掉的浑蛋啦……她相亲，上世纪佳缘，排查身边的男同事是否已婚，并坚持只和未婚的男青年来往。最近，她甚至在考虑要不要报名参加相亲节目。

某种程度上说，喋喋不休的诉说会让人觉得厌倦，但是我却不讨厌她，反而挺理解她的感受。

是的，我理解那种无力感。

※

悲剧从哪里开始？从恐惧开始

T小姐那些看似疯狂的举动，其实只是想抓住点什么。

她觉得生活正变得支离破碎，还没有闹明白一切是怎么发生的时候，美好已经开始消失了，最终，她恐惧了。

恐惧是非常有力量的情绪，和爱恨一样，它让人犯错，把人活生生地逼迫到悬崖边上，所以，我的第一条建议——尽可能地放下恐惧。无论是看心理医生，还是去运动、多赚钱、报班学习什么的，总之，你得让自己不那么害怕和恐惧，让心智成熟起来。

心智的成熟和肉身的成熟不一样。后者随着时间，自然而然地成长；而前者必须是通过坚持和努力才能完成，你要读书，更重要的是你要不断地复盘，不断地反省自己遭遇的错误和苦难。

在这里特别想强调一点，很多人容易把“妥协”等同于成熟，比如说随便嫁个人啦，随便找个工作啦，忍一忍就算啦之类的，我觉得那些都是很荒诞的行为。这些无谓的“妥协”只不过是在做容易的事情，而非正确的事情。

人一旦陷入妥协的困境中，会找借口原谅那个出轨又不爱自己的男人，明知道女朋友不喜欢自己又觉得这样挺好的，或者接受一份薪资结构不合理又无聊的工作，最后还用“反正都会死”之类的虚无主义安慰自己。现实是残忍的，你不坚守底线，你不断妥协，这次选择低头，下次只会更惨。

成熟意味着你能坚守自己的底线，做让自己快乐的事情，而不是通过妥协来逃避挑战。

※

【到底要不要管别人说什么】

我并不认为追求世俗的价值观就是错误的。

我知道很多人会告诉你“别管别人说什么”，实际上，人是很难做到这一点的。乔布斯可能不在乎商业评论家怎么评论苹果的商业模式，但是他不可能不在乎消费者怎么看待新产品；特立独行的制片人可能不在乎老爸老妈怎么看待自己，但他不可能对投资人和观众说“老子才不在乎你的意见”。

现实生活中，你最终还是会在乎某些人的观点，关键是，那些人是谁？那些人是否正直、善良、崇尚公平和独立意志？周边的人会影响你的价值观，再次，我不得不功利地说一句，如果你发现周围的价值观让你不舒服，那么就远离，到你真正舒服的圈子去，去找到和你志同道合的人。

在乎别人的观点没关系，至少也要在乎“靠谱的人”的观点吧！听婚姻质量渣得一塌糊涂、银行存款不到五位数的家伙们指指点点，或者考虑爱占便宜的室友是不是喜欢自己，那不是开玩笑吗？

※

【什么样的人才有资本做自己】

在这里，一定会有人跳出来说，T小姐为什么不做自己？

原因很简单，大部分人都没有资本做自己。

Follow your heart 这种事情，并不是说做就做的。说个简单的比喻，你想辞职去念书，好歹也得拥有读书的耐心和一点儿存款吧，艺术家的成功不仅仅因为听从内心的声音，更是因为他拥有惊才绝艳的才能。

到底什么样的人有资本“做自己”？说到底，还是有选择的人。千万不要把自己逼到“人生只有一个选项”的境地中，你要不断地为自己积累一些资本。

资本分成硬性和软性的，硬性的资本是指你至少拥有一年的储蓄资金，支持你失业、裸辞后能活下去；软性的资本是指你在所处的行业里有一定的经验和人脉积累，平时能给你介绍点小私活，有人给你来个内部推荐什么的。

说句老实话，积累以上的东西并不难，两三年的时间就足够了，无非是主动积极地多参与一些大项目，平时多和行业里的朋友出去社交、建立起自己的好口碑。不要偷懒，不要天天看韩剧，和月光族说再见，少打游戏，好好为自己积累点什么吧。

当你有了资本，就不必适应所有的规则，开始有底气对不合理和讨厌的事情说“老子不跟你玩儿了”，创造属于自己的游戏规则。

※

【嗯，不要那么墙头草】

除了恐惧以外，我觉得人生最大的杀手是“我只选择听起来最酷的意见”。

我曾经有一个同事，D小姐，就是这一类人的典型代表。她从来不分辨对错，也不计较逻辑思辨就毫不犹豫地站在最无厘头的观点中。她明明渴望正常稳定的生活，却觉得这个“不够酷”，非要跑去和一些地下摇滚歌手出去瞎混（PS.我不歧视摇滚歌手）。她像是青春期，明知道抽烟会让自己得肺癌，却为了装酷而吸上几口，为的是能让别人觉得自己“很特别”。

当然，这一类人的反面就是“谁的话我都要听”。比如，她今天和几个事业型朋友聊了会儿天，就觉得感情什么的都是虚无的，银行存款最重要；明天和妈妈聊了一句，又觉得算了还是不奋斗了，嫁个好人家吧。

我并不是指责她们的选择。做什么事情都可以，只要那件事情是你真的想做，而不是迫于莫名其妙的虚荣才去做的。

你需要停下脚步思考一下自己的人生，而不是做随波逐流的叶子，任由狂风暴雨把你带入不可预知的泥污中。

※

※

[长期的快乐 VS 短期的快乐]

无论在这个阶段选择奋斗事业，还是下个阶段选择辞职旅行，目标是可以随着年龄而更换的，但是你一定要做让自己快乐的事情。

快乐的事情分两种，喝酒乱搞也会让你获得快感，游泳阅读也会让人觉得开心。在有可能的前提下，尽量选择一件对你长期更有益的事情。这两个选择各有利弊，最佳的选择是两害相权取其轻，为了短期的目标而放弃长期的目标，从理性角度而言，是划不来的买卖。

医学的发展大大地延长了人类的寿命，在过去，大部分人三四十岁就死掉了，有什么不顺心真的忍一忍就过去了；而现在，大部分人都能活到七十岁左右，从二十岁开始忍耐，还得忍气吞声五十年呢。上一代人看似稳定、离婚率低，而实际上，大部分人的婚姻质量和生活质量都很糟糕，某种意义上，他们的人生是被时代所扭曲了。

不要成为牺牲品，不要莽撞行事，不要认为自己没有机会了。即使你现在已经站在三十岁的边缘，也要为自己奋力一拼，后面的日子还长着呢。快乐是一件重要的事情，多给自己创造一些资本，然后快乐起来。

chapter

06

※

工作，是一件可以改变人生的事情

前段时间，我和 Amy 在新中关某个冰激凌店喝下午茶。

我们聊了一些乱七八糟的事情，最后话题落到了工作上。Amy 说，工作不仅代表了“这该死的八个小时我在做什么”，甚至很大程度上决定了你能拥有什么样的社交圈、际遇、经济状态，甚至会影响你的择偶观和生活态度。很多人通过选择错误的工作，成功地把生活折腾得一团糟。

我吞下一口朗姆冰激凌，点头表示赞同。没错，工作对于人类的影响远远超过了我们的想象，尤其是一份好工作。

※

【好工作与坏工作】

在谈论好工作之前，请让我们讨论“什么是坏工作”。

世界上有很多可怕的工作，无论你如何改变自我心态，也无法改变其糟糕的事实。坏的工作贴满了各种标签，比如说，数据造假、欺骗客户、重复性劳动、过度加班、薪酬偏低。它带给你的伤害是持续的、不可预测的，它会让你心智痛苦，损失健康，甚至让你对每一天的开始充满恐惧。

好的工作则恰恰相反，它意味着为他人创造价值，也意味着你能获得薪水以外的东西。

很多人费尽工夫去好公司是有原因的。它不仅能满足虚荣心，还带给员工专业系统的训练，让你有机会参与梦寐以求的项目。即使你离开了，它仍然会成为个人简历中最闪亮的一部分，帮你获得更高的薪水、更好的职位。好工作不意味着一帆风顺、没有办公室政治；它意味着带给你许多在其他地方得不到的东西。

当你和朋友倾诉自己遇到坏的工作，他们会努力找出许多理由安慰你。实际上，只要你觉得痛苦和不快乐，别人说什么都是没有意义的。选择职业是一件重要的事情，随便将就意味着你将会在自己不喜欢的事情上继续浪费时间，所以，不舒服的时候，停下来好好想想。

※

[找工作，是一门技术活儿]

综上所述，好工作能带给你正面的影响。前提是，你得找到一份好工作。

对于找工作，我有几个简单的心得：

❶ 认真考虑你想要什么。比起考虑什么最赚钱，更应该选择和自己梦想有契合点的工作。假设，你的梦想是开一家咖啡馆，星巴克之类的公司是最好的选择，你可以学习、了解餐饮企业的运营流程；你期待帮助他人，那么就可以尝试 NGO 的工作；你喜欢有才华的艺术家或者作家，则可以选择编辑或画廊的工作。

虽然喜好、梦想会随着时间产生些许变化，但是它仍然值得你这样做。许多人能在自己的行业赚到钱，正是因为他们热爱自己所做的事情，并愿意为之倾注精力。

❷ 写一个高质量的简历。你可以没有牛校或吓人的经历，但是你必须拥有一个专业的简历。不要使用任何花里胡哨的设计和动画，老老实

实地用 Word 写清楚，必要时附上相关作品集。

除了“踏实肯干”“乐观向上”之类的含糊描述，还要写清楚自己做过的项目和成果，哪怕没有做过什么项目，好歹也要找出一些特长（英语好、细心、沟通能力好等优点）扩大写一些。说白了，你得给对方一个理由，他为什么要花费时间请你来面试？

❸ 展示你的理性和专业。面试前做好调研，了解它是什么样的公司，做过什么案例，需要哪类员工，并且尽量向他们的风格靠拢。

面试时，不需要夸张隆重的打扮，干净有质感的衣服是最好的选择。在面试过程中，陷入语塞和漫长的思考状态，绝对不会帮你拿到想要的工作，所以你需要在家提前练习，把问题都顺清楚、想明白。回答面试官的问题时，可以适当放慢语速，给大脑一些思考空间。

※

[世界上有很多事情，比工作更重要]

不知道从什么时候开始，“过劳死”变成了常规新闻。每年，都有年轻人因为过度工作而死亡，也有不少人被迫加班而不得不放弃业余生活。

工作是重要的，但是它永远排在家人、健康的后面。当你的工作量严重超负荷，一定要及时和上司沟通，没必要硬扛着。频繁加班并不是明智的选择：当你累病了，家人会替你伤心流泪，而公司会登出新的招聘广告，找新的人来替代你。

不要被同事的热血和老板的鸡汤所迷惑，保持健康、保持充足的睡眠。别把加班当敬业，别参加“看看谁凌晨三点还在发邮件”的游戏，这一切真的蠢透了。

※

[业余时间，也要利用起来]

工作以外的八小时，也需要被谨慎地利用。

业余时间不应该都在刷淘宝、打游戏、吃饭聊天。我并不是说娱乐是件坏事，而是认为不应该每天都在玩儿。

在工作之余，你仍然需要一个学习或拓展事业的计划。这个计划可以是学外语，读专业书籍，接私活，甚至开淘宝店也不错。身为成年人，你必须为自己积累一些什么，保证失业以后还能顺利找到下一份工作，仍然能获得收入来源。

你拥有的东西越多，你就越有底气和不喜欢的事情说再见。许多人被困在一份不喜欢的工作里又不敢离职，究其原因是因为没有其他选项。

认真地利用工作以外的八小时，为的是给自己的人生创造更多选项。

※

[如果我有孩子，我会给他这样的建议]

在我的职场生涯中，并非都是一帆风顺的。庆幸的是，我遇到了非常不错的公司、敬业的老板、专业的客户以及有趣的同事。

他们教会了我许多东西，同时，也带来一些不可避免的负面。我一直努力抽离这些负面（多多少少成功了好几次），总的来说，忍耐并不是唯一的选择，也不是最佳的选择。

如果某一天，我的孩子让我给他职业建议，我大概会说，尽可能地积累知识和技能，保持健康和快乐，不要做一个月光族。

chapter

07

※

让我们来聊聊职业规划

※

职业规划

只要去找工作面试，十个 HR 里有七八个会问：“你的五年规划是什么？”

大部分人会选择说上一段不明觉厉的话，比如“我要做出好作品”“在五年内，我希望服务更多国际品牌客户，拿一些创意大奖”。

实际上，谁能知道五年以后会发生什么呢？搞不好五年以后我就赚够钱了，彻底不用上班了。就拿我来说，我一个月前都想不到现在的生活，更何况五年呢？

职业规划是一个被严重滥用的词。你不在豆瓣、微博、朋友圈发发自己的职业规划，都不好意思说自己是一个有志青年。

我认同职业规划的重要性，但是为了看起来高端大气，匆忙地写上几句含糊大气的职业规划，未免太无聊了。你可以去忽悠 HR、忽悠老板、忽悠朋友，但是你不能忽悠自己。

好的，让我们收起无聊的客套话，好好聊聊职业规划的问题。

※

你得拥有点信念

职位可以变，工作可以换，但是它们必须为某个信念而服务。

比如你的信念是“帮助他人”，你可以去帮助艺术家，可以去 NGO

工作，帮助底层的边缘人群，可以帮助自闭症儿童；

比如你的信念是“做出一流的作品”，你可以去广告公司做创意，可以去做产品经理，也可以宅在家里写小说画漫画；

比如说你的信念是“让商业变得标准化起来”，你可以致力 BI 系统的开发，可以去做大数据，甚至可以去连锁餐饮企业工作……

在我们年轻的时候，很难说在某个行业、某个职位一直做下去，所以你需要一个坚定的信念作为指引。

你应该从小就开始探索这个信念。如果你现在找不到，也要努力找到它。

它是你职场规划的基石，它决定了你将会成为什么样的人。

※

[Big Picture]

前段时间，我在某网站上读了一篇两万字左右的小文章，是北欧一位知名艺术家写的人生小传。她在里面写道：“在关注细节前，你需要看到整张 Big Picture”。对这个观点，我是非常认同的。

所谓的 Big Picture，不是脑洞大开 YY 自己要赢取白富美，当上 CEO，从此走上人生巅峰之类的。Big Picture 是指看懂自己，看懂自己想选的行业。

看懂自己：比如你倾向于管理岗位，还是创造精彩动人的创意？你是喜欢和人打交道，还是默默地做自己的作品？无论你想做的事情在别人看来有多么的不切实际，只要你足够喜欢，就可以成为你的目标。

看懂全局：当你选定某个事情，你必须探索它的全局。

看懂全局并非像油腻腻的中年男人那样一边喝茶，一边脑洞大开地吹牛，而是去调研、思考、实践。拿一个简单的比喻来说，小 A 毕业打算在广告行业找工作，不要太早就纠结到“简历怎么写啊”“用什么邮箱投简历啊”之类的小问题上（细节固然重要），更重要的是先弄明白这个行业是怎么回事儿，它们的职位构成与职业发展方向，这些大框架会指引你更好地了解这个行业。你了解了全局，才不会在细节上犯错。

※

给自己画一张职业路径图

当你看明白自己的全局以后，大概就能发现自己所处的位置。做事情最忌讳的是，光说不练，想得太多而不落入实际。

比起幻想当上 CEO 怎么花钱潇洒，还是先画一张职业路径图比较实际。

职业路径图：就是清楚地知道每个阶段需要学习什么、掌握什么技能的图。

如果你现在是广告公司的小 AE（客户执行），你希望最终变成总监，那么需要一张路径图来清晰地了解应该怎么走，每一步需要什么技能。

当然，无论你想做什么，都会有人和你说这个目标没什么意思，他

职业路径图规划				
AE（客户执行）		→		AD（客户总监）
				AD **需要技能：**
			SAM **需要技能：**	搞得定客户
		AM **需要技能：**	对行业有自己的理解	搞得定老板
	SAE **需要技能：**	PPT 写得好	和客户维持良好的关系	搞得定业绩
AE **需要技能：**	会写 PPT	英语良好	能管好团队并高质量完成项目	搞得定团队
能干活	会写时间表等表格	能管项目		啥都会，特全能
脑子快	能独立下 Brief	能管团队		
吃苦耐劳	能进行简单的商业沟通	能独立写文案		
会点儿英语	有规范的工作习惯			

们会说 AD 没有意思，升职没有意思，加薪也没有意思。别人对于某件事情可能有很多见解，但是有一些事情，如果你没有做过，没有去过，你一辈子都无法理解它们真正能给你带来什么。

你若是一个渴望升迁的人，应当仔细观察你的上司拥有什么你没有的技能，并且不断补充；多和上司申请尝试新技能的机会，多帮他分担，不仅对方觉得你很好用，你也能学到自己想要的东西。

职业规划是一件事儿，但比规划更重要的事情是，你得行动起来。

※

调整你的规划，不着急调整你的目标

除非到了迫不得已的情况下，或者认为自己全盘失误、找到了一生挚爱的职业道路，千万不要轻易改变自己的目标。频繁地修改目标并不是一个理智的选择，它会让你毫无成果，什么事情开始了一半但永远都没有结束。

遇到困难的时候，优先选择修改路径、方法，并且对失误进行复盘。但是要对职业目标进行巨大调整，则要问清楚自己是为了躲避困难而改变，还是觉得那是非做不可的事情。

我个人认为如果发生以下状况，可以考虑调整目标：

尝试 ➡ 失败 ➡ 调整策略 ➡ 再次失败 ➡ 适当调整短期目标 ➡ 发现这个事情根本不靠谱 ➡ 再次尝试新的方法 ➡ 再次失败，并且毫无收获 ➡ 考虑目标是否合理 ➡ 确认是否要调整目标

➡ 复盘，反省自己 ➡ 提出新的执行方案

※

职场中的坚持

坚持是一种很棒的品质，但“坚持”和“撞墙的愚蠢”只有一线之隔。

前段日子，由于工作缘故，我和不少创业者进行了近距离接触。其中有一些创业者，卖房卖车卖媳妇嫁妆，苦苦坚持了五六年，仍然一贫如洗，毫无起色。他们认为自己坚持得还不够，实际上，他们只是麻木地不断撞墙，去做一件完全不可能的事情。

职场是同样的道理，有人辛苦很久，却做着一件完全不适合自己的事情，或者用不对的方法去做事儿，是不可能有好结果的。除了累成狗，你什么都得不到。

对于大部分人而言（请忽略凡·高之流的小概率事件），如果你在某个事情上有天赋，很快就会被肯定，做出一点儿成绩。如果你做了很久，仍然发现不顺手，没有收获，不被肯定，赚不到钱，就应该好好想想，问题是否出在自己的天赋上。事实上，怀疑自我确实挺难受的，但总比相信一个幻觉强多了。

坚持会有好结果，前提是，你坚持的东西是对的。成功人士不是突然之间变成功的，而是他们真的一天比一天变得更好，一天比一天获得更多的认可。

期待前面 1W 小时都被吐槽，1W 小时以后突然就被夸奖，成为大牛？

不可能的，咱们还是醒醒吃个炸鸡腿吧。

※

[规划是没有意义的，除非行动起来]

规划是一张地图，是一个闹钟。

它提醒你目标，你所处的位置。

它定时告诉你，是时候努力奋斗了。

它是有误差的，需要时时修改。

它是旅途中重要的一步，防止你变得迷茫失落。

它听起来那么高大上，那么不明觉厉，但是规划本身是没有任何意义的，至少，解决不了你的生存和经济状况。

当你做好规划后，请把它贴在笔记本里，然后……然后……行动起来！

chapter

08

※

时间管理：如何把二十四小时变成四十八小时

※

骚年，请重视你的时间

我一直觉得不会管理时间是一件蛮可怕的事情。

每次看到反面的例子，都会替他们白白浪费了那么多生命而觉得纠结。

在我所处的行业中，总会时常碰到一些特别爱加班的家伙。无论周末、假期、晚上十点，还是项目不忙的时候，他们都选择牺牲私生活，统统投入到加班中。

在不明情况时，还会误以为他们承担了多么可怕的工作量。直到某一天，我拿起他们的 To Do List 看了一眼，心里忍不住倒吸一口凉气。

世界就是这样不公平，不会管理时间的家伙过得比牛还惨，而会管理时间的小伙伴，却过上了纵情声色的快乐生活。

※

为什么你总不能按计划执行

说起时间表，很多人经常提到的问题是“我制订了时间表，根本执行不了，怎么办呢”？

原因很简单，你的时间表制订得不够合理。

首先，制订时间表不要脑洞大开 幻想每天早上六点起床学英语之类的，因为这根本不靠谱！

计划意味着深思熟虑，尤其是要考虑计划是否具有可执行性。你需要认真地了解自己，看清楚自己所处的情况，千万不要动不动就向学霸们看齐。你要做的是“适合你的时间表”，而不是“别人家”的时间表。

你要先明确一下自己希望实现的目标，并且整理当下正在进行的事：

SAM 需要技能：	需要增加至周日程
做早饭（频次：一周 3 次）	运动（每周 1 次）
上班（频次：一周 5 次）	阅读（每周 1 本）
客户应酬（频次：一周 3 次）	学习外语（每天 1 小时）
陪女朋友（频次：一周 3 次）	朋友聚会（每周 1 次）
……	

SAM 需要技能：

- 仔细阅读左侧的事项，并且标出不重要、需要减少时间的事项
- 在右侧写出每周需要增加的细项，并且按照优先级进行排序。

完成了上一步，我们就可以开始优化时间表了。

请写出你当下的时间表，并在此基础上进行修改。

你不需要全盘颠覆目前的生活状态，而应该循序渐进地改善。比如这个月先开始养成每天看三十页书的习惯，直到你非常适应这个状态，能享受你正在做的事情。下个月，可以在时间表里添加一项新任务，如“每周运动一次”，同时坚持每天阅读的习惯。在不知不觉中，你会发现自己能很好地适应新的时间表，而不再是之前的各种无力与拖延。

※

❶ 写下当下的时间表
❷ 更改时间表。不做过大的改动，在原来的基础上添加 1-2 个项目
❸ 每个月最后一天，再优化时间表，添加新的项目

时间	目前的时间表	第一个月的时间表	第二个月的时间表
7:00	起床换衣服	起床换衣服	起床换衣服、**听一段 VOA**
8:00	出门	出门	出门
9:00	工作	工作	工作
10:00			
11:00			
12:00			
13:00	吃饭、看网页	吃饭、**看 20 页书**	吃饭、**看 20 页书**
14:00	工作	工作	工作
15:00			
16:00			
17:00			
18:00			
19:00	回家、吃饭	回家、吃饭	**回家（步行 30 分钟）**、吃饭
20:00	刷网页	刷网页	刷网页
21:00	看美剧	看美剧	看美剧**（看无字幕的美剧）**
22:00	聊天、娱乐	聊天、娱乐、**看 20 页书**	聊天、娱乐、**看 20 页书**
23:00			
0:00	睡觉	睡觉	睡觉

（请注意查看蓝色的标注）

※

[先做 To Do List 上的哪一项任务?]

翻开你的 To Do List，到底要先做哪件事情？当然要做最紧急、最重要的事情。在工作前，你需要把任务进行分类。

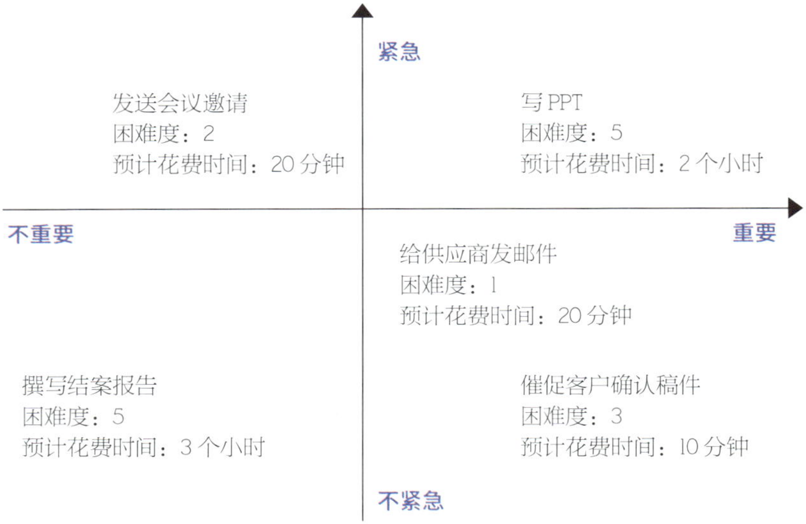

完成最紧急的任务以后，下一件做什么？

从我个人的经验来讲，当你做完一个比较困难的事情，最好做一件不太占时间，顺手就能完成的任务。如果一直在执行很难的任务，注意力很容易变得分散，一件简单的事情会让你重新获得自信心和满足感。

※

永远都在寻找最佳的解决方案

如果想要最大限度地利用时间，那你一定要不断地提高效率了。

为什么别人写 PPT 只要一个小时，你却需要花五个小时？除了你不够熟练以外，还有可能你把大量的时间花费在了本不应该花费的事情上。

在做事情之前，一定要脑子走在手前面，看清楚全局、想清楚再做，而不是稀里糊涂乱做一气，最后却不停地回头纠结和返工。

当你经常被某个任务消耗巨大的精力和时间时，不妨尝试把这个工作过程写下来，细细研究里面有没有可以优化的地方。麦当劳快餐店因为一个小小的改动提升了整体的工作效率和利润，你也可以通过不断改进，为自己节约出更多的时间，至少，可以让你按时下班了。

接受任务
理解任务： 任务的核心是什么？ 任务的 KPI 是什么？
思考： 我应该如何完成任务？ 任务会有哪些不可控因素？ 任务需要多长时间？
干活

完写 PPT、赶报告、沟通客户，无论任何事情，都要先想清楚。哪怕这个事情已经紧急到红色警报了，也要冷静，先过一次大脑。思考可以大大节约不必要的浪费以及手忙脚乱的困境。一个不思考只知道干活的人，是很难有效率地工作的，也很难获得同事和老板的认可。

※

不可浪费的空隙时间

我们每天都有很多空闲时间。所谓的空闲时间，就是你早上起床穿衣化妆、坐在交通工具里无所事事、窝在床上看美剧等时刻。这种时间应该被更大化地利用起来，它们看起来都像碎片一样小，但实际上它们累计起来也是一笔很大的财富。

空隙时间，可以这样被利用	
看美剧时	做仰卧起坐 做各种拉伸运动
坐地铁时	看书 听英语
等菜时	看单词 想创意（如果你是个广告人）

※

我认为空隙时间应该被利用，并不是说你不能休息，必须都用来工作学习。而是你若期待完成更多的任务而不把自己天天折腾到凌晨才能睡觉，就应该善用空闲时间。

※

[专注，再专注一点]

除了做事情的方法以外，训练自己的专注力也是头等大事儿。

专注，是一种通过后天学习而来的才能。一个在童年时期接受过专注训练的孩子，会比没有被训练过的孩子少走不少弯路。

我以前认识一个女生，按照她的话说就是“根本没法听从大脑的指令”，她每次和别人说一个事情不到一分钟，立刻就会和另外一个人聊起来，或者就会不受控制地跑去做其他事情。在非常长的一段时间里，她觉得自己的生活被毁掉了，她读了很多书，看了心理医生，做了非常多的努力。她经常命令自己“每次比上次多专注一分钟”，写 PPT 的时候掐着表，哪怕只写十分钟，再去看网页、聊天。最终，她通过自我强迫和小小的坚持，培养起了专注的习惯。

※

[不要太早放弃自己]

不管怎么说，学习管理时间终究不是一件让人那么愉快的事情。

它意味着克制自我，为了更好的结果而牺牲眼前的快乐。这个过程可能是痛苦、纠结，甚至充满了自我否定。你要做的是，不要太早和自己说“我做不到”，而是试着做做看；尽量把拖延症和偷懒的借口统统丢到垃圾桶里。生命很短暂，管理好时间，然后把想做的事情都做一遍。

※

chapter

09

※

如何快速有效地克服拖延症

很长时间以来，我宣称自己是“毫无拖延症”的人，平日说干什么就干什么，从来不磨叽偷懒。但是，前段时间，由于工作和学习任务异常繁重，再加上咳嗽生病，竟然产生倦怠感，什么都不想做了。打开电脑的时候，我就想，“反正也做不完，先看本美漫好了”！看完美漫以后，又去汤不热看看外粉们又创作了什么脑洞作品；看完脑洞作品后，觉得好累，买点东西好了！买完东西以后，突然想到旁边新开的泰国餐厅了，去尝尝什么味道吧……最后，一天什么都没有干成！说好的写作任务也只是随便弄弄，结果堆积得越多，就越没有勇气去做了。

第一次，体验到拖延的滋味真的很难受。看着厚厚的任务，我开始想“如果能变成一只秋田犬该有多好啊，不仅有人帮我洗澡拍照，还有网友夸我可爱”……但是，也没有成功啊！所以，我来说说自己战胜拖延症的方法好了！虽然我这个是“急性拖延症”，希望对于“慢性拖延症”的同学也有帮助！

※

[不去做自己不相信的事情]

我觉得，之所以被触发了“急性拖延症”，很大程度是因为接下自己根本不相信，也不想做的事情。这件事情是这样的：认识多年的友人找我写东西，但是要写的内容我完全不相信……碍于情面，再加上对方的苦情牌，让我不得不答应。

事实证明，千万不要有侥幸心理。接这个任务的时候，我已经觉得此事会悲剧，结果动笔写的时候，简直是苦不堪言。（不知道为什么最近总有人找我写女德、写伪科学、写星座物语……感觉自己的写作事业真要到尽头了……呜呜）

克服拖延症的第一步，我就是把这种活儿都推掉了，并且坚定地认为——绝对不写自己不喜欢、不相信的东西。不管给多少钱，我就是不做，看上去很高冷，很容易饿死街头……不过仔细算算，做自己完全不相信的事情难度其实很高的，比如说写自己喜欢的文章可能只要一个小时，写一篇“我不相信”的作品则可能要花费一整天，说白了，收益并不大。

人在江湖，难免身不由己，但还是得尽量做自己喜欢的事情，做喜欢的事情才能做得好，做得好才能赚到钱。

※

【事情要一件一件做，每个阶段只执行一个重大任务】

当然，有的同学可以脑子开挂，同时干N个项目。但是，我本人感受啊，每件事情做一点反而很让人焦虑。我决定，做完一件事情，再做另外一件事情。

我发现，当把这条规则贯彻到每天、每个阶段的生活中，还蛮爽的。比起发现 To Do List 的每个任务都只做了百分之二十，还是一个个划掉 To Do List 比较爽！

而且，有一些很大的任务，以至于你必须整个阶段都全身心地投入到里面。可能你不见得会同意这个方法，但是，我觉得它对于像我这种无法分心的人，是很好用的。

※

【要做计划，一定要做计划】

我做计划的方法其实很简单，也不炫酷。

周末，我拿一张纸出来，把每周要做的任务写下来。比如说写多少字、运动多少次、看多少书，直接贴到冰箱上面。比如说，这周要看二百页书，我就会画上五个星星，每个星星代表四十页，以此类推，每次看完四十页，就划掉一颗小星星。首先，这个计划的好处是简单易操作；其次，也把每次要做的量划分出来。我觉得计划是个指引，告诉你该做什么，不该做什么，所以，写计划是有用的。

至于说，到底能不能修改计划？

我觉得计划是可以修改的，但是不能大幅修改。我对自己的要求是，每周绝对不修改三项以上的任务；修改任务的动机不能是“懒”“感觉自己要做不到”之类的理由……必须是不可抗力的！例如说，生病啦，任务的截止日期突然提前了；宁可任务排得没有那么紧张，也不要在后期进行各种修改，这个习惯很不好！

※

※

超级靠谱的拔网计划

每日，我们浪费在社交平台的时间真的太多了！建议大家下个软件监测一下自己在豆瓣、微博、汤不热上都浪费了多少时间，看到那个，就知道时间都到哪里去了。

后来，我决定，如果在家干活，那么就把网线拔掉；如果在外面干活，就把 WiFi 关掉；如果要查资料，那么就一个半小时打开一次；或者，在干完两个小时的活儿以后，再上十五分钟网，稍微休息一下。我朋友说，这个很容易不受控制，自己就把网线插回去，因为没有人监督之类的……不过，我觉得纠正拖延症，实际上就是形成“自我约束的意识”，你可以用小黑屋，找豆瓣的“新月君”，辅助工具是有用的，但是内心也要形成强大而有力的自我抑制。

坚持不下去的时候，请幻想一下完成任务后将会有多炫酷，自己给自己画大饼，再苦都能坚持了。

※

不要被内疚感所淹没

有拖延症的时候，人很容易被铺天盖地的内疚感所淹没——越内疚、自责，就越不想动了。这就是为什么我觉得，大家要温柔地对待拖延症患者，可以指出错误，但更多要给予对方爱与鼓励。动不动用刻薄的话斥责对方，对方也不会改正，反而更加沮丧了；道理谁不懂呢，最难的是鼓起勇气去改变。

※

[享受有规律的生活]

其实改善拖延症是个整体性的行为。

以前我的生活很规律，几点起床，每天吃多少种蔬菜水果，每天做什么家务，都有安排。那时候，我真的是一点儿拖延症都没有。

有拖延症的时候，一切都没有了，每天三顿都出去吃，随随便便地对付着，有时候吃泰国菜，有时候吃港丽，有时候 7-11，完全不在乎营养和热量，很任性地想吃就吃，结果没几天嗓子就疼得要命。生活状态越松散随意，就越容易诱发拖延症，所以，修正拖延症，要从生活习惯开始！

治疗拖延症，首先要让生活环境变得干净有条理起来，书桌上面全是零食屑，是不是干活的时候就觉得烦躁啦？每天都在胡吃海喝，身体不舒服，是不是也耽误学习了？为什么坐在漂亮的书房里觉得特别有动力，坐在垃圾堆里感觉就很焦躁呢？这些区别都是环境带给我们的。

无论有钱没钱，都应该在自己的能力范围之内给自己创造较好的卫生、健康、饮食均衡的环境。它们真的会让你受益无穷。

※

[总结]

总体来说，我的方法很简单，没有炫酷的专业术语，没有厉害的APP推荐，更加没有心理学名词……我觉得，最重要的两样东西是：有克服障碍的意识，以及为自己创造出能继续努力下去的环境。没有前者，别人天天管着你也没有用；没有后者，努力很容易半途而废。不要认为环境不重要，很多社会学家的研究告诉我们，环境对于人有巨大的影响。

刚刚治好“急性拖延症”的我，必须讲一句：拖延症是种病，必须早治，越晚治越难治。各位少年，回头是岸啊！有拖延症的别再研究理论知识，关掉网页以后就行动起来吧！

chapter

10

※

社交圈的真相

※

社交圈是面照妖镜

姑娘 A 辛苦攒钱买 Prada 包包和 Dior 唇彩，尽量让自己看起来像是个白富美。可惜，她的好友都是满口脏话、喜好占便宜、品行平庸的家伙。明眼人能轻易透过她的社交圈，窥探见浮华背后，贴满了挣扎、月光族、窘困、无奈的标签。

没错，这就是社交圈的力量。它是一面真实且残酷的镜子，真实地投射出你所处的社会阶层和生存状态。

不少中年人深谙此道，平日总爱有意无意提及“我有一个朋友如何如何……”“某某上市公司的 CEO 是我哥们儿”。他们直呼名人的昵称，尽管对方压根儿不认识他。他们通过强调自己的朋友圈有多牛气，证明自己和权贵名人是一类人，营造出高端大气的假象。

※

流水般的社交圈

社交圈是一件很简单的事情，它只意味着“你和谁一起玩儿”以及“谁愿意和你一块儿玩儿”。

它是一块磁铁，牢牢地把有相似性的人聚集在一起；如果你和他们毫无相似性，即使放下身段卖萌打滚，仍然会被排斥在圈子外。从乐观角度而言，它是极具流动性的，随着你的进步，原本不属于你的圈子，也会敞开大门欢迎你。

当你步入了新的人生阶段，逐渐和一些好友渐行渐远，其中缘故并非你我薄情，而是彼此的共同点越来越少，关注点也发生了变化，见面吃饭也只能以面面相觑而终。人与人之间最大的无奈莫过于，我们曾经是那么好的朋友，却由于种种原因不得不在此告别。

※

【社交圈的基本法则】

法则❶：选择让你开心的社交圈

说起社交圈法则，国人对此有太多误解，似乎必须巴结权贵、阿谀奉承才算聪明。他们却忘记了，巴结上阳澄湖大闸蟹的绳子，仍然是一条毫无价值、随时会被丢弃的绳子而已；小羊跑去和大灰狼当朋友，并不会得到保护，最终只会成为大灰狼的宵夜，或是集体的牺牲品。别以为抓住某个圈子的边缘就会屌丝逆袭，内功不够，照样被踢出去。说白了，你得拥有坦荡正直的人格和能力，才会获得尊重。

在选择社交圈方面，我认为应该选择适合你的、让你快乐的，而不是世俗意义认为应该结交的。

法则❷：不要忘记回报他人

我曾经好奇地问过前辈“社交圈的法则是什么”，前辈的回答很简单，他说最基本的法则就是——不要总麻烦别人，不要过度消耗彼此的感情。

这句话极具深意，至今仍然影响着我。

有一种行为是非常糟糕的，即明知对方不情愿，却为了个人利益而绑架他人的时间和金钱。他们总是极度不自觉，明明花钱可以搞定的事情，非要为了节省几块钱而让朋友免费帮忙；开了淘宝店卖不出东西，就强迫亲朋好友下单。个人觉得请别人帮忙，要先说清楚要求和费用，即使对方主动提出不需要费用，至少要给对方买点礼物，请吃顿大餐什么的。

分享资源和互相帮助是文明社会的象征，我并不反对这样的行为，只是提倡请别人帮忙前多摸摸良心，问一句“我应该怎么回报对方”。

法则❸：刷存在感什么的，最讨人厌

社交礼仪上非常重要的一条——别夸大其词和冒犯他人。

自私虚荣的家伙为了吸引大家的注意力，总爱编造出许多荒唐又滑稽的谎言，例如信誓旦旦地把三十块的包包吹嘘成限量版；把普通的事情渲染成好莱坞大片的桥段。

当他们发现吹牛不管用以后，开始用语言打压别人的成就和幸福感，喋喋不休地指点他人的人生。这种费力又不讨好的表演，旁人光是看一眼便会觉得心酸。

太爱刷存在感的家伙，下场只有一个——大家都不愿意带他玩儿。

※

[离开学校后，如何拓展社交圈]

当我们离开学校，身边朋友难免为了各自前程奔波而淡了联络。在无聊和好奇的驱使下，你会期待认识一些新朋友。

拓展社交圈的方式只有一个，就是——别太宅！

即使你拥有谢耳朵的智慧，Alan Rickman 的性感，只要宅在家里，就谁也不会意识到你的好。无论工作多么繁忙，每周至少要和朋友出来喝杯咖啡，或参加一次聚会。不要过公司、家和超市三点一线的生活，否则你很快就会陷入“我怎么没有朋友了”的困扰中。

说到参加聚会，并不是让你去公园相亲。你可以去参加 NGO 的公益活动、读书会、小型漫展、电影放映会、行业分享会等任何你感兴趣的活动。在自己感兴趣的活动里，很容易结识到志同道合、臭味相投的朋友。建立适合自己的交际圈就像恋爱一样，不能坐在家里期待缘分从天而降。你需要出去碰碰运气，找点乐子，最终才能找到对的人和有趣的社交圈。

※

社交恐惧症，是一种流行疾病

当“宅态度”日益流行，越来越多的人都不由自主地患上了社交恐惧症。常见的表现是在陌生人面前不知道说什么话，大脑经常性地空白，尽可能避免和人群接触等。如果对于当下的状态觉得不安，应该给自己制订循序渐进的社交计划。

首先，多参加熟人聚会，如：同事、老同学。在餐桌上，尽量加入别人的话题，分享好玩的东西给大家。通过和熟人交际，把自己调整到舒适的状态，再尝试拓展新的圈子。许多人之所以会经常有自卑感，是源自于曾经被否定和嘲笑，除了不断提高完善自己，同时要对自己说：“我值得拥有美好的事物。”如果条件允许，一定要多学习新事物，当你了解得越多，就越容易胸有成竹。自信并不是莫名其妙产生的，它是通过练习和学习得来的。

从今天开始，告诉自己不必害羞与恐惧，尽量创造与人交流的机会。明星绯闻不过一个月已无人讨论，你的朋友更加不会牢记你的失误。给自己一个计划，每周多分享一些时间给朋友们，每个月多认识一个新朋友。请相信我，保持和外界接触的状态，对身心皆有益。

chapter

11

※

聊聊职场政治和人际关系

※

办公室政治是怎么形成的

职场是一个江湖。

有一些江湖比较和善，有一些江湖比较险恶。无论怎么说，职场不可能是风平浪静的。

再好的公司、再高素质好人品的同事，也难以避免政治和小圈子。他们形成的原因并非人心险恶，而是人天生愿意和自己相似的人在一起，所以，他们会不自觉地形成几个小群体。

有人会问：“年轻、开放的公司也有小圈子吗？”

我的个人感受是，有的。

强调扁平化管理的公司，尽管一直在努力避免复杂的办公室政治，实际上还是有不少隐形阶级。专业能力比较强的是一伙儿，老板挖过来的人是一伙儿，某一群爱好相投的实习生是一伙儿……当面对小圈子的时候，倒不用觉得太愤愤不平，干脆把这种事情当成必备品就好。有人的地方就有小圈子，这是一条不变的定律。群居动物的本性，早已经深入我们的基因了。

在这里再补充一下，几乎每个人都会遇到“站队”的问题。你要么被边缘化，要么选择某一队。我个人认为，如果碰到那么尴尬的情况，自己能力也不够的时候，最好选择一个人品比较好、愿意为下属承担、专业能力也比较不错的上司。不想被坑，就要尽量和有底线的人在一起。

※

小公司不见得比大公司更愉快

我的朋友 Ray 刚刚跳槽，在某知名 Digital 公司干得好好的，非要跳槽，他以为小公司会更加开放，做事儿更认真，结果，去了几天彻底歇菜了。聚会的时候，他吐槽小公司的问题，人不专业、训练不认真、流程乱得一塌糊涂；当撸起袖子想大干一番的时候，团队正儿八经能干活的也没几个。

大公司或者正在稳定发展的中型公司，他们的优点是显而易见的，比如，工作环境舒适、完善的培训体制、各种报销和福利、给得起大钱的客户、标准化的工作流程。这些东西会让你觉得无聊，但是也会让整个工作变得有效率。

最重要的是，在大公司的同事，他们专业、视野开阔，懂的事情更多，合作起来会很开心。

当一家公司不再在温饱线挣扎的时候，自然会给员工许多附加的东西，而非画大饼和口头承诺。

小公司的老板，碰到职业素养好的，皆大欢喜；要碰到一个鸡贼的，能把人气死。

小老板会用热血、创业、未来、团队精神之类的法宝忽悠员工。你谈薪酬，他永远和你谈未来，这种公司一天也不用待，你既不可能在这里赚到钱，也不可能在这里学到什么经验。

“小而美”的公司是有的，但真不多。有些公司爱强调什么零食随便吃、碳酸饮料随便喝，不过薪水福利，却比行业偏低。说真的，收入不高还吃垃圾食品，这种公司有啥好的？

※

【人际关系中的禁忌】

我觉得职场人际关系中，有一件是比较憋屈的，就是——你永远不能和别人真正翻脸，即使你恨不得问候他全家。即使气得要死，还得假装和睦地讨论问题。

有一次开会，A 和 B 两个死对头碰上了。

A 的脾气比较急躁，一直对 B 咄咄逼人，B 也反驳了几句，但也还比较客气；但不知道怎的，A 突然之间把报告摔桌子上，就嚷嚷起来，直接和 B 翻脸了。

散会后，我们一群人去吃饭，尽管每个人都知道 B 不是什么好东西，但是大家对于 A 的评价更低，认为 A 缺乏基本的专业素质，无法克制自己的情绪。

"情绪化"在影视剧里会很萌，很有戏剧张力，但是在生活中，动不动乱发脾气其实挺招人讨厌的。大家会像看马戏团表演一样兴致勃勃地围观吵架，然后默默地决定"下次绝对不能和这个人合作"。

对于你不喜欢、合不来的人，你可以用工作超越他，你可以把他做错的事情抄送给老板，你可以推倒他的创意……但是，千万不要在任何公共场合里嚷嚷，也不要到处嚼舌根。这两种事情做起来好处少，风险大，还显得你特没品。

对于你不喜欢的人，客气对待，或干脆无视都可以，正儿八经地想想应该怎么超越他，比他升得更快，专注自己的事情才是正道儿。别陷入和某个同事厮杀的困境，不值得。

对于你喜欢、欣赏的同事，可以建立起私交。

尽管大家都说不要相信职场上的朋友，我一直觉得这句话不怎么正确，你应该选靠谱的同事当朋友，以后跳槽还有人能给你来个内部推荐什么的。所谓的行业人脉资源啊，不都是从同事、客户那里一点点积累起来的吗？

※

【表现自己和拍马屁是两码事】

我的前老板是一个非常会"来事儿"的人，尽管有人说她爱拍马屁，但我觉得"低声下气献媚夸老板今天穿得美"才是拍马屁，把出色的工作成绩总结出来，发邮件给老板，叫作表现自己。

我见识过一些干活诚恳的人，事情做得也不错，但是他老板从来不知道他干了什么。

每次有好成绩、好成果，他从来不发邮件出来，就埋头默默地做。最后，老板反而觉得他做得不够多、工作不够积极。倒不是说老板极品，而是大家每天都很忙，没有人会把关注点只放在一个人身上。比起你做了什么，你看起来做了什么同样很重要。

身边有一个姑娘是谈加薪的小能手，她的秘籍是，在加薪前一段时间，给老板发一个报告，阐述自己在半年来的工作成绩，以及承担了哪些特殊任务，在她的职业生涯中，这个小方法百分之九十帮助她成功加薪。

不要害羞，多去表现自己，其实是给自己谈条件埋下了筹码。

※

[跳槽需谨慎，越跳越差是个悲剧]

其实，跳槽前很难看得出对方到底是一家什么栏的公司，最多你只能看看那家公司的宣传，问问里面的熟人到底怎么样。

跳槽的目的肯定是为了让自己过得更好，要么钱少时间自由，要么钱多压力大，最次的也得是钱少事多但公司有名气能刷简历。总而言之，跳槽前一定要明确这次行为能给自己带来什么，而不是被莫名其妙地忽悠过去。

在职场上，你要和很多人合作，还要面对很多职位比你高的人或者客户，这些意味着有许多事情你是无法控制的。所以，不要对任何一家公司抱有太多的幻想，你们只是交换利益的关系而已，你可以为一个公司付出很多，前提是它给了你足够的保障。

跳槽越跳越差的事情多了去了，错了一次，就必须再跳一次来弥补，时间就是这么被耽误的。

※

适应不了职场，也没关系

请相信，在这个世界上除了上班 ，还是有其他赚钱方法的。如果你上班很长一段时间，觉得自己非常不适合团队合作，你也不用太内疚，可以考虑一下自己是否能做其他事情，念书？开淘宝店？卖煎饼？自由职业？在家写化妆品软文？当个兼职托福老师？工作其实在哪里都可以做，不一定非得去上班。

有一种人能力不错，但只适合自己一个人干活，没法儿和别人合作，他们是能力满满的小超人！

不用太考虑别人告诉你应该怎么样，而要选择最适合你的。做适合自己的事情，就会有意想不到的收获。世界上可能有“非做不可”的事情，但我觉得上班并不是这种事情。

职场不容易，所以，不上班也不是一种罪过。保持工作状态、保持学习，就好了。

chapter

12

※

如何变成“会说话的人”

总觉得“会聊天”“会说话”，是一项蛮重要的技能。

无论工作、生活，还是谈恋爱，我们都是通过语言来表达所思所想、分享情感。我觉得所谓“会说话”并不是指专挑别人爱听的说，而是能较好地理解他人的想法，同时恰当地表达自我意愿。学好这一项技能，无论对于恋爱、人际关系或职场，都会有莫大的帮助。

※

【说话第一步：聆听并掌握节奏】

所有说话招人讨厌的家伙，都有一个共同的特质，就是“完全不考虑别人的感受”。

我相信很多人都曾经遇到过“拷问型”的谈话者。翻开你和他的聊天记录，十段对话里，其中百分之九十都是他在问你各种问题，小到你爸妈在哪里上班，大到你的收入和私生活。这种“独特的交流方式”，让你有一种被敌人抓起审问的错觉。

除此以外，我还知道一些“表演型”的谈话者，他们基本不给你说话的机会，全程喋喋不休地谈论自己多牛X，再塞给你一套人生大道理，简直烦到没边儿了。他们不需要正常地交流，而是热切地把每一次谈话变成舞台，给大伙儿来一场免费的脱口秀，只为了能满足自己狂热的表演欲。

你当然可以提问，但是一定要掌握好频率和隐私的边界；不要滔滔不绝地谈论自己，要给对方一些说话的机会。谈话节奏是一件很重要的事情，它决定了你们是否能愉快地进行交流。顺便说一句，如果你不讨厌对方，可以尝试微笑、保持友好的表情。

在任何一场谈话之前，都请记得要聆听对方，而不是胡说乱问一气。

※

【说话第二步：不要吐槽，要委婉】

大概吐槽的风气太重，所以大家开始觉得“吐槽”是一件很酷的事情。

有时候，看吐槽的段子是挺爽的，可轮到自己身上却完全不是那么回事儿。尤其被不够亲密的人吐槽，你估计挺生气的。在现实生活中，除了相声演员以外，吐槽并不会让你看起来风趣幽默，反而会让人觉得你“缺乏礼貌和教养”。吐槽的讨厌之处在于，你在对方的痛处上撒上一大盆盐，就是为了展示“一针见血的廉价趣味”，它不能帮你解决任何问题，相反还可能会让事情看起来更糟糕。

即使在拍出《破产女孩》这种片子的美国，受过良好教育的年轻人措辞都是非常委婉有礼貌的。在生活的场合中，大家都倾向于“May I ask your name”代替“What is your name”。男生请客付账时，经常说的是“I will take care of it”，请注意“take care”这个用法。

你若是希望被认为是一个举止得体的人，那就一定要多多使用敬语和感谢语，请别人帮忙的时候多说“请”“麻烦您了”“不知道您是否方便”等礼貌用语。当对方为项目做出贡献的时候，多说一些“谢谢你在 XX 方面的付出”；拒绝他人要求时，你可以态度坚定，但是要采用委婉的措辞，你可以说“真的非常抱歉，这个事情我确实没办法帮忙，你要不要考虑一下其他的方法，比如说……”。总之，不要扔下一句话就走掉，要让对方感觉到他是被重视、被尊重的。

※

说话第三步：精准地理解他人的信息

许多人之所以说话让人烦、说不到点子上，往往都是因为不能精准地理解他人所传达的信息，或者是傲慢到已经不屑于理解他人了。

当他人对我们说一句话的时候，实际上是向我们传递了一个信息。在回馈这个信息之前，我们有必要对这个信息进行分析和处理。

首先，你要判断对方的情绪，他是开心的、沮丧的，还是迫切需要安慰的？其次，你要稍微停顿一下，在脑海中提炼一下对方说话的重点是什么。还有，他为什么要这样说，他的动机又是什么。下一个问题是，对方希望你解决、解答什么问题？

最开始使用这种方法，可能会有点累，但是坚持思考，你会发现自己说话的能力在很短时间内会获得提高。说到底，表达能力的提高源于思考。

※

※

【说话第四步：精准地表达观点】

A 向你借钱，你勉强说“好”，对方会高兴，但是你就未必了；滥情的 EX 求你复合，你要是说“没问题”，对方欣喜若狂回家睡了个好觉，从此你的噩梦就开始了。

在说话前，不要为了让对方开心就答应一些你不想做的事情；尤其面对重要的承诺，请摸着自己的心，问一句：“我希望这个事情是怎样的？”“什么是我真正想要的？”你可以在态度上让对方觉得很舒服，但是在具体决策上，一定要遵循自己的内心。

在明确好立场后，你需要在脑海里把繁琐的思路用一、二、三的顺序整理出来。当思路和脉络变得清晰后，你再尝试把信息一条一条地传递给对方。

总而言之，在开口前要想清楚，不要着急胡说八道和承诺，更不要把乱七八糟的思绪一股脑儿地扔给别人。有条理的表达方式就像是夏天里的一根冰棍，带给人一种清爽的快感；在职场上使用有条理的表达方式，同事和老板也会觉得你更专业、更值得信赖。

※

【说话第五步：认同对方的感受】

当对方觉得很糟糕的时候，故作高冷地甩下几句“人生就是这样子的啊”“这个就是你的选择”，真的挺让人烦躁的，这些大道理谁不懂，谁又不会说呢？有时候，朋友向我们寻求意见、找我们倾诉的时候，实际上是对我们信任的表现，他们认为这一刻的脆弱是可以和我们分享的。

无论你是否能为他做一些什么，都至少先要肯定他的情绪，不要吝啬安慰的话语和温暖的拥抱。

有时候，“被认同”是最好的疗伤药；对于陷入困境的朋友，一句“我懂你”“不要哭，有我在”比任何训斥都更能让他们觉得宽慰。

※

[说话第六步：我不是教你阿谀奉承的]

有人会担心地问，“学习说话”是否等于放弃了真实的自己？

我的答案是，婴儿时期的你哭闹不停，现在的你懂得了克制，是否等于你失去了自我？当然不是，任何人都是随着时光、经历不断进化或退化的，不同的阶段会有不同的你。

我们早已经不是青春期的孩子，抱着“我不要失去自己”的借口来躲避修正自己，是一件蛮幼稚的事情。耍酷确实重要，但还是不要在关键的事情上耍酷比较好。

我不认同阿谀奉承和拍马屁的价值观，也不提倡大家做这种事情。“学习说话”强调的并不是这个，它强调的是照顾和理解他人，以及精准有条理地表达自己。它是一项能提高生活质量的技能，就像学习烹饪或学拉大提琴一样。

无论你是否相信，语言终究是一件很重要的事情。它既有温暖人心的力量，也有本事让你感到万分痛苦，它不仅变幻莫测且具有不可预知的魔力。通过和朋友、爱人的交流，我们渐渐开始相信“我在这个世界并不孤单”，所以，请好好珍惜人类这项特殊的技能，认真地掌握它、对待它。

※

chapter ◆ 13

≈

如何面对他人的批评

1 - 4

“只有能够反省自身的人，才能把人生道路走得越来越好”，这是一句每个人都听说过的道理。它提醒我们应当保持谦卑，要对自身的行为进行审视，只有这样，才能够逐步改正缺点解决问题，成为更好的人。

可是，这个道理就如同许多道理一样，它只是说了一个道理，并没有提供真正的实践方案。我们到底应该怎么反省自己？到底要反省到什么程度才够？是不是每个人的批评意见都要听？如果不慎陷入过度反省的误区，导致情绪低落应该怎么办……这些问题从来没有人告诉过我们，即使有，他们也只是含糊地说“你要掌握一个尺度”“你要自己动脑子分析”诸如此类，依然没有把问题说明白。

我还记得，以前上学的时候，我的同桌深受语文老师影响，认为每天都要不断地反省自身，才能成为真正的牛人。为了能够真正地看清楚自己的真面目，他每周都给班上的同学发调查问卷，要求大家写下对他不满意的地方。这件事情真是很麻烦，同学们觉得给他写也不是，不写也不是。尽管大家都是年轻气盛的青春期小孩子，对于生活充满挑剔和批评，但是也绝对没有丧心病狂到有兴趣给同学写缺点。我们知道他的动机是好的，真的就忍着痛苦给他写过几句。我和闺密会给他写一些明贬暗褒的话，希望他能赶紧别这么干了。他非但没有理解到我们的苦心，反而陷入深深的焦虑感当中。他觉得自己是个什么事情都做不好的大笨蛋。

人若是陷入反省自身的极端，自然会变得丧失自信，影响情绪，甚至丧失做事情的信心。但是，完全不反省肯定是不行的。就如同我家楼下的拉面店，做的东西非常难吃，面条硬得跟石头一样，汤头超级难喝，而且，价格还比别人要贵百分之二十五左右。我第一次去吃，以及最后一次去吃，是由于某天想吃宵夜，结果其他的店都关门了，才抱着试一试的心情去吃的。正当我吃得万分痛苦的时候，老板过来跟我聊天，问我他店里的东西那么好吃，性价比那么高，为什么别人能卖出去而自己的店却没有生意？我很吃惊，就问他：“老板，你有没有去吃吃这片区域的其他店？”老板想了想说：“没有。”接着他继续喋喋不休地说自己的东西有多好，食客们多么的不识货。可是，生意不好究竟是消费者不识货，还是老板根本没有意识到自己的东西有多差劲，这答案是显而易见的。

2-4

经常促使我们反省的动机是外界对我们的评价。从我们刚刚进入小学的那一刻，再到成为悲催的上班族，哪怕是待在家里当个啃老的富二代，都是会遭遇到别人的评价的。就算每个批评者都是心怀善意的，但是，他们的建议未必是牢靠的。所以，我们必须对这些意见进行筛选和分析。

判断一条建议是否可靠，首先，你要看看提出建议的人是谁。比如说，你不能听从一个婚姻不幸的人教你怎么谈恋爱，即使她有很多成功的经历，但是，她未必能真的提出正确的见解；当你在工作上遇到迷茫的时候，就绝对不能听三十多岁啥也没有干出来的人的建议。没错，权威专业人士的建议未必百分之百正确，但是路人甲不靠谱的概率则会更高。三甲医院的医生偶尔会误诊，但是三脚猫医生绝对会把你折腾个半死。因人废言是不好的，只是提出建议的人到底是谁，很大程度上决定了这句话的可信度。

3-4

那么，这个是否意味着我们需要听从权威人士的建议呢？如果我们持有不同的观点，应该怎么办？这种情况其实蛮常见的，我们经常对一条建议是持摇摆态度的，一面觉得很有道理，一面觉得自己的想法也没错。

在无法做判断的时刻，轻易地选择向左还是向右，都是不明智的。即使迫于现实情况你必须做出决断，但是你心中必须有一个空余的空间。这个空余的空间意味着，你通过不断地校验、检查、寻找资料等，再做出最终判断。

在年纪还很小的时候，我的老师总是对我说，你不要总是很着急地认定某件事情，你要获得足够多的信息，去反复比较，最后再做出判断。在做判断的时候，首先要问自己“我是否得到足够多的信息”。你要考虑的是，到底是对方没有掌握完全信息，还是你没有掌握足够的信息。一个从未见过外面世界的人，肯定会认为女人唯一的选择就是嫁人；就算是年轻的“九零后”，也有可能因为资源的匮乏而变得思想封闭。

我们每个人的选择、认识都严重受到过去经历、环境、教育的影响，这是没有办法避免的。所以，当你突然听见不同的声音的时候，不如问问自己，到底是自己见得太少，还是对方的建议缺乏参考价值。

4 - 4

比起听到批评的声音，我们更希望得到他人的赞美、夸奖。所以，很多人一旦听到批评的声音，总是会立刻竖起厚厚的刺，或者打算为自己展开一场激烈的辩护。这其实不是很好的反应方式，因为这会养成解释优先于思考的习惯。久而久之，那些对你充满善意和经验丰富的前辈，也就不再会对你提出改进意见。在未能确认对方是怀有恶意之前，先不要去刺伤别人。

在几日前，有一位读者对我的作品打了两颗星，但是评语写得非常真诚感人，并提出富有建设性的意见。身为作者而言，拿到两颗星确实不是好事情，但是，这位读者真的为我提供了非常重要的意见。我可以跑上去和对方胡吵一顿吗？当然是可以的。但是这样做的话，就会伤害一个真诚的人，也会让自己错过修正行为的机会。我当然知道这个世界上许多指责和批评不过是庸人出气的话语，不过如果一直抱着愤怒和防御的姿态，恐怕只会错过珍贵的谏言。

chapter ◆ 14

听父母的，还是听自己的

这个话题其实一直想写，又怕写得不太好。

不过前几天堂哥突然给我打电话，觉得发生在他身上的事情还挺让人唏嘘的。

有一些事情真的很残酷，例如说，你必须得在梦想和亲情中做出选择，原本应该支持你的人却站在反对面。

这种心情大家多多少少都经历过吧。那我们就聊聊这个话题吧。

1-4

前几天看一篇文章，大概是说有很多年轻人常年被父母所困扰着。

这种困扰有时候是软性的，有时候是硬性的。软性的大概是指父母常年念叨“你怎么不结婚”“你看看别人家的孩子”等精神上的压力；硬性的是指当你决心做什么事情，他们就以性命作为威胁，“从此以后我们断绝关系”，以种种为你好的理由迫使你放弃梦想。

随手打开一个豆瓣小组，就能看见有姑娘哭诉男朋友其实还不错，但是父母就是不同意；想去找一份自己喜欢的工作，父母却万分阻挠，要求孩子回家考公务员。

前几天，微博上有一条热门长微博，大概是一个姑娘找了一个还不错的男朋友，男生做着小生意，不算富裕，但也算是衣食无忧。她的父母认为做生意都靠不住，非让她找一个公务员男朋友。他们为这份感情抗争了五年，男生想方设法地赢得长辈欢心。不过，她的父母仍然不满意，进行各种威胁，最终拆散了这对情侣。

我的堂哥也是这样的人。

他的父母从小把他看得紧紧的，从小到大，无论读书、选专业，还是找工作，都得在其中插一手。

他从小喜欢打游戏，毕业以后，在广州一家大型网游公司当程序员。可惜，他的父母觉得这份工作太没有面子，非要想办法让儿子去事业单位上班。

堂哥当然不能同意，他母亲就天天去公司闹腾，今天闹自杀，明天闹心脏病发作，最终，他不得不辞掉自己喜爱的工作，眼睁睁地看着母亲花十多万疏通关系，去了一家事业单位过上无所事事的生活。

几年过去了，曾经和堂哥一起入行的朋友都当上了游戏策划，过上年薪五十万元以上、有车有房的中产生活。我想，他终日郁郁寡欢并不仅仅因为昔日好友的事业成功，自己则是一个铁路小职员；更重要的是，他被迫放弃了自己人生中最喜欢的事情，而亲手推动这一切的人——偏偏是父母。

2-4

我想，不仅仅是豆瓣、微博上的那个姑娘和我的堂哥，还有很多人面临着“听爸妈，还是听自己”的困惑。至于我，也曾经有过同样的纠结。

我的家庭是再传统不过的家庭，父母希望我能回到家里，尽量不要出去工作，随便嫁一个朋友圈里的儿子，每天逛逛街、吃吃饭就好了。当我刚开始写作的时候，家人问的第一个问题是：“谁会看呢，你为什么要浪费时间在这种事情上？”这种心情是很矛盾的，一面是父母希望你能放弃理想，过上安稳的日子；一面是内心的召唤。

家人一直是我们很重要的部分，当我们想要去挑战一件事情的时候，首先希望得到家人的支持。我们需要的并不是喋喋不休的建议和阻挠，而是有人对你说：“没关系啦，去试试看嘛，又没有什么损失。”只要不是铁石心肠的人，对于家人的打压和批判，还是会觉得很沮丧的。

我挣扎了一段时间，最后还是想明白了，父母和子女的关系就是一种情感，这种情感像所有的情感一样，不能要求其中一方牺牲快乐来满足另外一方，即使你顶着“孝道”大旗迎合父母放弃自我，最终这段关系里也会充满怨气。

听话更加是伪命题。其实，绝大部分的父母对自己将要干涉的领域丝毫不懂，比如说，在事业上默默无闻的父母跑去干涉子女的就业问题；婚姻不幸福的长辈干涉晚辈择偶。如果你听了这些人的话，就是对人生最大的不尊重。

说真的，你真的会听蛋糕师傅教你怎么修空调吗？

3 - 4

脱离父母的控制只有两种方法。

第一个方法是离开家去读书工作，在一个新的环境中重塑价值观，找到一群志同道合的朋友；第二个方法就是珍惜叛逆期，我一直觉得叛逆期是很棒的东西，它让后代尽可能地脱离上一代的影响。

最终，我能坚持自己的内心并不仅仅由于坚强、心怀勇气之类，而是我对“这件事情”的喜欢程度到了“不给我钱都会想继续做下去”；当然，还有朋友对我的支持，志同道合的朋友永远是最坚强的心灵后盾。你会和父母吵架、闹翻，甚至来一场冷战，爱他们又把关系搞僵。可是，有一些事情现在不做，真的永远都不会做了；即使冒着被全世界打脸的结果，还是会想去试试看呢。

在我们做出选择的时候，还是可以听一下父母是怎么说的，最终的决定权还是应该自己来选。

任由父母操控自己的人生，有一个很大的BUG，就是他们帮你选了，却不帮你承担后果。比如说，你嫁给他们喜欢的男生，可是，那无趣的婚姻、糟糕的生活，他们并不需要去感受，吃尽苦头的是你自己。他们安排了一个你不喜欢的工作，每天上班面对奇葩老板的人也不是他们，而是你。父母是很重要的人，在无伤大雅的小事情上可以顺着他们的意思，而在重要的事情上，在关系到人生幸福的事情上——请在夜深人静之际，问问自己的心吧。

说一句不太礼貌的话，有时候，我们真的不需要那么在乎父母是不是高兴，他们和我们一样，是成年人，应该学习处理自己的情绪，而不是要求子女变成“让他们高兴的东西”。

你的生命里可能会出现很多人：父母、女朋友、好哥们儿……他们有时候会自以为知道什么东西对你是最好的，实际上，他们并不是那么了解你。

所谓对他人的尊重，最基本的一点莫过于——不要以爱的名义去阻挠他，因为，你无法代替他去后悔。

4-4

现实是能摧毁梦想的，闲言碎语能让你忽略内心的声音。

尤其在一线城市，每天都有很多人在压力之下忘记了初衷。没有梦想是一种错吗？当然不是，它是一种生活方式。

不过，我仍然会觉得，那个“非做不可的梦想”太珍贵了，如果你找到真正想做的事情，请不要那么早放弃它。

它们有可能都很糟糕，也有可能都很好。在上个世纪末，每个人都认为“工厂工人”是很稳定的工作，而转眼之间他们就下岗了。什么是安全的？什么是危险的？什么是有保障的？父母是不是对的？我真的不知道，就如同薛定谔的猫，必须打开盒子才能知道猫到底是死还是活。

我们根本不知道明天会发生什么，也无法预测；所以，我们只能尽可能地做好当下，做好每一件小事儿。

chapter ◆ 15

≈

如何让别人觉得你是一个有价值的人

1-4

在全民倡导“我不在乎别人的想法”“我就要随心所欲”的个性化时代，这篇文章显得十分不正确。即使如此，我仍然相信人在这个社会上，一个人是否被认为有价值，是一件特别重要的事情。

比如说一个才华横溢的理科小天才，对于歧视女博士的言论只会冷笑一声。但是，她肯定在乎自己对于科研、实验室是否有贡献。再比如说，你可能不在乎自己是不是全民男神，却会希望自己是女朋友心中的男神，你希望在这段恋爱关系中，自己是有价值、能给对方带来愉悦的。

所谓的价值，可以是物质、精神或者是其他无形的东西。总结一句，即是你能给予别人的东西，以及你在人生博弈中所拥有的筹码。世界上没有人愿意与无价值的人来往，没有人能任你索取，而你却什么都不提供。

2-4

我们所生存的时代，不仅拥有 Big Data、Harvard Business Review，还是一个遍地嘴炮的时代。每个人都觉得自己非常特别：不学无术的小清新觉得自己是安静的暖男；脾气暴躁的管自己叫率性；阅读障碍患者宣称自己用心灵看世界；不爱做家务的男人宣称自己要拼事业。

我妈妈朋友的儿子，拿着父母老本创业，结果惹上一身债务，家里的房子也卖掉还钱了，将近六十五岁的父母不得不出来租昌平的地下室；而这位儿子，仍然坚定地认为自己拥有出色的商业天赋，能为世界带来巨大的商业变化。现在，他已经将近三十岁了，却什么都没有做成，哪怕是瞬间的成功也从未遇见过。他们并不是真的想去骗人，而是高估自己的价值太多太多。在生活中屡次碰壁，他们就开始抱怨别人不识货。问题是，到底是别人不识货，还是他想把猫粮卖出黄金价？

证明自己的价值，不是嘴上说说就可以的，你必须有足够的论据来支撑自己。一个女生强调自己心灵美、聪明博学，很好，以上都是特别珍贵的品质，但是你怎么向别人展示这一点？是常年投身于 NGO 事业，还是已经发了好几篇 SCI 了？你认为自己长相好看，那么，你是不是从小到大都被优质异性追求，或者经常有商业机构找你当模特？在工作场合里，客户经理认为自己有很强的沟通能力，也是体现在他拿下多少项目和解决多少难题上。

在择偶上，也是同理。许多人强调自己平凡，确是一个适合踏踏实实过日子的男子或女子。但是，他们既不擅长收纳做菜，也不会布置家庭烤甜品，更加不懂得如何与新的家人相处……结果，每次想要去恋爱，他们都没有办法找到合适的交往对象。自以为是的价值是没有意义的，只有经历过市场验证的价值，才称得上是真正的价值。

你的个人价值必须是通过实例来支撑的，因为，如果你真的拥有某项才能，它必然会产生某种结果，哪怕是个阶段性的结果。人常常会高估自己的才能，这不可避免；然而，一个聪明的人会找到这个平衡点，既不让自己失去自信，也保持一定的自省力。如果你要向一个人证明自己的价值——告诉他你能做什么，以及做成功过什么。

3 - 4

成为有价值的人，第一步是要尽量看清楚自己与预期中的差距。任何努力都是如此，先学会分辨对错好坏，再谈论如何抵达目标。一个人的价值是一个整体，由长相、社会地位、智商、才能等所构造而成。在努力之前，首先要问一个问题——我希望被哪个群体所接纳？例如说，对于音乐学院的录取，你的托福成绩可以差一点，但是你的专业能力要很强；对于综合性大学，你重要的是SAT和语言成绩，而且越高越好。有一些东西是A群体看重的，而对于B群体却不重要。去朝着你最渴望进入的圈子而努力，分析他们需要什么样的人，而不是去兼顾所有人的看法。

如果你会的东西，是路人随手就能完成的东西，那么意味着这个技能是缺乏竞争力的。你必须在某个事情上——做得好、做得出色，做到超过百分之九十五的同业者，在这时候，你的价值就会如同火箭一般疯狂飙升。想要成为别人眼中有价值的人，那么就要尽可能地掌握一些相对稀缺的资源。

许多媒体都号召女性“变成更好的自己”，问题是怎么变？理想的状态是跑步交际、学外语拼事业、约会化妆旅行看书。但是，要完成这种状态需要大量的金钱，普通人根本不可能做到，即使你有毅力、精力也是不够的。所以，这种理想状态缺乏实践意义。比较靠谱的做法是，找到自己最擅长的地方，拼命地突破。当某个事情做到极致的时候，其他能力也会随之提高。

4-4

想要得到这个世界的善意、异性的爱意，不是一味地“要要要”，而是问自己，我到底能给别人带来什么？我到底能用什么东西去交换？要知道，好东西不是要过来的，而是互惠互利交换回来的。

不知道在哪里看过一句话，大概是上帝让你来到这个世界，必然要让你做一些别人无法做的事情。我想，即使不能做出独一无二的事情，也要有一些事情做得比别人出色；无论能不能行，至少要抱着这种心情去工作生活。无论大环境多么糟糕，努力对于个体而言是有意义的，努力总比不努力好。

少嘴炮、少高估自我，多用实例证明自己的价值。这样活着，好日子应该也不会太远吧。

chapter ◆ 16

≈

你比你想象的更加特别

1 - 3

我的好朋友，黄小姐，在多年前，她是个真正的干物女。在三流大学工科，没有男朋友，没有交际圈，没有认同感，每天除了刷动漫就是看小说；吃饭也不正常，每天就是抱着零食和方便面啃个不停，手机里设置好定时播放的声优声音叫自己起床。通过互联网和科技，她成功地断绝了自己和真实社会的联系。她很喜欢这种生活，二次元，充满粉红色的泡沫梦幻色彩。直到两年过去了，她突然发觉自己宅到已经无法与线下的人群正常交流。她能在线上和小哥谈笑风生，但是却没有办法和少找自己钱的大叔把话说清楚；她宁可天天熬夜看漫画，也不愿意在四级单词上面集中注意力超过五分钟的时间；她有很多男神和女神，却任由自己一直脏乱发胖至一百一十八斤。

同寝室的学霸妹子劝告她要立刻扔掉漫画书、扔掉零食，立刻打开课本开始发愤图强。她懂这个道理，可是，她不能控制自己的行为，内心的自信感早已经在颓废放纵的生活中轰然坍塌。所以，她只能一面忍受着焦虑，一面沉浸在网络社会中难以自拔。在这个恶性循环中，黄小姐决意投向虚无的怀抱——“人生是无所谓的”“反正也没有什么才能，就这样凑合活着就好啦”。

2-3

大四那年，黄小姐对于二次元的世界更加沉迷了。其他同学都纷纷出去找工作，她则仍旧躺在宿舍的床上吃着巧克力棒，看漫画。

不过，出于对动漫的热爱，黄小姐一直都在上日语网课，再加上本身就会画画，后来，她就跑到日本的动漫论坛里发自己画的个人作品。那是一个很小的论坛，本身上的人也不多，仅限于资深爱好者的交流。她在里面认识了几个朋友，其中有一位日本男读者对她的作品特别喜爱，也很热情。两个人最早在论坛里聊，渐渐地，就开始交换SKYPE，写邮件、发短信等。

根据黄小姐回忆，有一天，她如同往日般颓废地坐在乱如狗窝的宿舍里看视频，突然之间邮箱来了个提醒。来信人是那个日本男生，他写了一篇巨长无比的邮件，大概是说觉得她画得越来越好，请一定要加油下去之类的。“你有过那种感觉吗？就好像整个心灵都被温暖照耀了。”她这样描绘读完以后的感觉。那些真挚和肯定的话语，让她觉得自己其实没有那么废柴，或者说，她对于别人来说是有意义的。这是多年以来，她第一次在现实生活里收获到成就感。这个男生让她觉得自己很特别，然后，她想去继续这份“特别”。

后来，她和这个男生的关系越来越好。那个温柔而善良的男生，就在旁边默默地鼓励着她。在大四期末的时候，她决定要去日本学画漫画。尽管她对申请学校的事情一无所知，但是，她却觉得浑身上下都充满力量。她仍然没有办法早起，也不愿意放弃吃零食看漫画这样的爱好。不过，她开始尝试着努力，一边努力学语言，一边系统地学习绘画技巧。在炎热的夏天，她一个人跑各大留学中介准备申请材料。那段日子是很不容易的，就如同一个常年不运动的人突然之间要去跑马拉松，痛苦感不仅来源于肉体，更有心灵层面的煎熬。支撑着她走下去的不是奋斗也不是逆袭的决心，只是一个从来没有见过面的男生告诉她“你真的很特别”。

再到后来，故事就变得还比较顺利了。

黄小姐留在日本读书，毕业的时候留在当地工作。工作两年后，她嫁给了那个喜欢她作品的男生，继续画着自己喜欢的东西。黄小姐没有变成女强人，也没有变得特别地坚韧不拔。累的时候她会抱怨，不开心的时候她会哭，碰到讨厌的事情她还是想逃跑；她还是早上会赖床，画画的时候还是要吃零食，比起出去交际，她还是更加喜欢停留在网络上……但是，她变得更有信心了，也正在逐步开展自己的事业。在漫画方面，也开始获得了许多同行和前辈的认可。她没有变成另外一个人，而是在原有的基础上找到适合的道路。

命运真的是很奇怪的东西。这个男生不画画，也不是专业的漫画编辑。他大学毕业以后就进入证券交易所工作，漫画只是一个无关紧要的业余爱好；他也是在很偶然的冲动下，才给一个根本不认识的网友写了一封邮件。这个小小的行为，却改变了黄小姐的人生。他让黄小姐相信，她之所以来到这个世界上，是由于某种非她不可的特殊使命。

3-3

讲完黄小姐的故事，我也想说说自己的故事。

小时候，我经常幻想自己很特别，诸如是超人之类的。我常常想，如果我不是拥有超能力的话，为什么我就能长得比别人更壮硕；如果不是有什么奇异的超能力，为什么其他小朋友都仅仅是擅长跑步，但是我会掷铅球。写在我基因中的浓郁的中二气质，帮助我莫名其妙地度过一些原本应该很艰难的时光，由于过于中二，导致根本不觉得艰难，反而能够快乐地继续生活下去。我也要感谢中二气质，它帮助我抵御了许多自卑心和犬儒哲学。

觉得自己特别，不见得真的会让你变得特别，也不见得会让你变成特别厉害的人。但是，这样的想法多少能让你感到好受一点，或者说，它让你有动力去继续生活。它解决不了任何现实意义上的问题。它是安慰剂，让你在痛的时候没有那么痛；它是驱动力，在你无法前进的时候稍微激励你一下。

“如果我还是发现自己根本不特别，那应该怎么办呢？”曾经有一个朋友这样问我。

“可是……那样也没有损失啊。”我想了想，“至少，它让你高兴过啊。”

chapter ◆ 17

外貌以外的东西也很重要

1 - 3

在青春期的时候，我一直希望自己能成为女神级的女生。

尽管当时“女神”这个概念没有现在那么清晰且流行，但是，却已经有了许多相似的词汇。

书店有很多书教女生怎么美容、打扮、恋爱，还有各种节目教你怎么成为最受欢迎的人。青春期真是一段又快乐又痛苦的时光，那时候，女生们什么都不用想，只管拿着爸妈给的零花钱随便挥霍就好了；我们根本不用操心世俗社会的事情，考虑的都是隔壁班的男生喜欢不喜欢自己啦，自己长得漂亮不漂亮，夏天要穿什么裙子去海边玩啦。总之，那真是一段快乐就能很快乐，悲伤就能很悲伤的日子。友情就是全部，好看和爱情是人生最重要的目标。

之所以突然想起这段时光，是因为几天前，有一个青春期女生给我发豆邮，她说自己因为想要变好、变成受欢迎的女神，并且常常为这些事情感到万分困扰。十四五岁，真是迫切渴望得到他人认可的年纪。我还记得那种感觉，虚荣心像是永远不能被满足的无底洞，并且迫切地想进入成年人的世界。我想要变好，我想要与众不同，我想要成为被赞赏的对象。

我最早想到的改变就是容貌。

相对于改变其他东西，容貌是最容易改变的东西，满大街都是时尚杂志店、服装店和化妆品店，拿着父母给的零用钱就能美美地折腾一顿。而且，这个特别容易见效，少女们只要戴上美瞳，把头发弄整齐，简单涂抹点唇彩，套上一件 GAP 就很青春洋溢了。至于皮肤问题什么的，去北医三院挂个专家号就能给你弄得服服帖帖的。差不多在十三四岁的年龄，我开始减肥，戴隐形眼镜，把头发拉直，打耳洞，第二个学期开始，隔壁班那个从来不搭理我的男生突然愿意把书借给我了。

因为没有那么胖了，我的朋友慢慢就变得多起来了。不过，那种很容易害羞的性格依然没有改变，甚至持续到今日也是如此。在青春期的时候，我尝试过修正自己的性格，努力地去交际，想要得到朋友的认可。我的办法很愚蠢，就是让爸妈多给我点零花钱，多给我买点炫酷的东西，这样既能得到同学的认可，也容易交到更多的朋友。

从同学那里得到认可和满足让我觉得很开心，不过随后更多的是担心，担心不再受欢迎了，担心自己穿得不够时尚，总之，担心很多莫名其妙又不着边际的事情。追逐

“被喜欢”“受欢迎”，这条道路就好像是无穷无尽的一样，越追逐越虚无，越虚无越想要追逐。

2-3

后来，在一个闷热的暑假，我得知我暗恋已久的男生根本就不喜欢我。在超级伤心之余，我突然之间在想，为什么要被别人喜欢？为什么要变好？为什么要每天想着怎么穿才漂亮？为什么要让自己成为最有学识最聪明的那个人？总之，在我得知自己暗恋未遂的那个夏日午后，我觉得人生拼命成为别人喜欢的那个人简直太没有意义也太肤浅了。我不想讨好他们，我想把时间花费在一些自己喜欢的事情上。

从那以后，我每天花费在打扮、看杂志、买衣服的时间变少了很多。对于年级里的八卦也失去兴致了，暗恋未遂对于小少女们的痛苦其实和失恋差不多。我念书的时候有个很博学的老师，他年轻的时候是在国外搞音乐学的，后来为了老婆才回国教书，专门给我们这群熊孩子讲经典和美学。每个学期开始的时候，他都会给学生写很长很长的书单，也不强制学生去读，只是说你们有兴趣可以去看看。那些书即使放在我现在的年龄来看，都是相对比较专业和严肃的书籍，在那个时候，同学们就只是把书单收起来，没有人会真的找来看。我也是由于心情比较低迷，才把书单里的书都找回来看看。

由于内容较为深奥，我基本上是看不太懂的，就跑去请教老师。他作为常年不受待见的非主课老师，难得有学生过来找他请教问题，立即就激动得不能自拔。他热情且诚恳地对我辅导一番，还要求我回家要写个读书笔记，下周再来找他。不知怎的，在他的指导下，我莫名其妙地写了好几个学期的笔记，也莫名其妙地读完许多自己原来根本不会去读的书。他是一个很好的启蒙者，不仅能把很复杂的东西讲得清晰直白，也愿意不断推着学生去思考和练习。不知不觉中，我开始忘记要变美要变女神之类的事情。我的好奇心正在被这个新世界所吸引。在这个新世界里，所有的事物都闪耀着明亮的智慧，它们拥有一种足以在历史长河中持久停留的美。站在那种美的面前，你会突然觉得被不被暗恋的男生喜欢，明天能不能穿着最可爱的外套去学校之类的事情，根本就没有那么重要。

3 - 3

沉浸在向老师请教问题的那段时间里，我以为自己会被孤立。但是，我没有。相反，我认识了一些新的朋友，她们很宽容，敞开心胸地接纳了我。渐渐地，我开始明白，想要被别人认可，原来不是去费尽心机地打扮，而是你内心真正有东西的时候，人们能从你这里获得愉悦和共鸣，就自然会有朋友；被别人所喜欢，根本不需要拼命讨好说漂亮的话，而是只要真诚宽容就好了……我们经常以为自己要去适应他人，去做很多很多的调整，其实并不需要。你只需要对一些事情产生真正的好奇，然后，你的智力、你的投入、你的真诚，将会指引你与自己渴望的目标所相遇。

能成为女神很好，我也很喜欢女神，漂亮的女孩子总是让我觉得很高兴，少年身上清新干净的气质也令人赏心悦目。人应该把自己收拾得很干净，头发要弄好，指甲不要脏，衣领和鞋子都应该干干净净的。有机会的话，还可以考虑给自己减减肥，买几件好看的首饰。但是，人的志向不应该止步于此。我们除了追求外表的美，更应该尝试去追求精神与知识。它们不仅能填补内心世界的虚无感，也能给你带来一种持久的美的体验。它们不能立刻给你带来功利上的收获，不过倒是可以培养起一个人的价值观和严肃生活、思考的习惯。等你有朝一日站在非常关键的路口的时候，这些习惯就会变成地上的路径，引领你走向正确的方向。

人们很难相信虚无缥缈的东西能对人生有帮助。可是，真正造就人生的真的不是你今天写了多少页 PPT，后天又为了客户跑遍整个北京。造就人生，帮助你做出正确选择的，就是以虚无缥缈的东西所构成的心智啊。

chapter

18

※

你真的没必要调整心态

※

你怎样，世界就怎样

我收到过很多豆邮，是问应该怎么调整心态的。

常见的场景是什么男朋友对自己爱答不理、喜欢聊陌陌、品行不端等，两人经过多次矛盾和争吵后，女生从愤怒到焦虑，最后琢磨起“我应该怎么调整心态”；面对喜欢剥削员工的老板，加班加到心跳加速、恶心想吐，员工们想着怎么“调整心态”……反正，无论发生什么事情，他们首先想到的就是“调整心态”。他们秉承一种“世界没什么差别”的生活，认为男人都是一个德行，世界没有必要有对错之分，既然想不明白也逃不掉，还是从调整自己开始吧。

乍看之下，这似乎是一种“正能量”的生活态度。汽车广告不也说“你怎样，世界就怎样”吗？白天忍受着老板的蹂躏、公积金取不出来的痛苦，晚上看着男朋友打游戏、聊陌陌，拿起枕边的一本《我们都不抱怨》之类的书，住在隔断出租房里，却仍然感到浑身上下都流淌着正能量！Oh yeah！我正能量！我会调整心态！我乐观！我不抱怨！

好啦，从此就过上对错不分、犬儒主义的生活；当然，也可以管自己叫正能量小天使之类的，听着就好萌。

※

※

[调整心态最大的问题]

你要是说，去考什么 GRE、LSAT 前啃个鸡腿，来两块巧克力调整心态，也还算说得过去，这种事情竞争十分公平，成败全靠智商和努力。

偏偏，好多人泛化使用此方法，在面临不公平、是非对错的时候，并不去讨论问题与解决方案，而是选择通过忍耐和调整心态，我认为，这本身就是一种懦弱、畏惧思考的表现。

举一个情感方面的例子，比如 A 女生和 B 男生是恋人关系，男生不帅不富不萌不迷人，最擅长的事情是上陌陌撩拨妹子；平日对女朋友不冷不热的，一说到结婚跑得比兔子还快，常年自我洗白，强调自己和女生没什么——当然，具体他做了什么你也不会知道啦。

A 女生首先是争吵，然后冷静下来后，开始想自己是不是应该调整心态？如果不在乎这件事情，保持内心的平和，是不是生活就更容易一些？ A 女生最后决定要正能量，心态调整啊调整啊，情绪忍啊忍啊忍，最终别人都过上幸福生活了，自己还和一个劈腿男日日厮守。

调整心态最大的问题在于——A 女生通过把脑袋埋到沙子里，避开有意义的思考，导致生活进入一个恶性循环中——他对你很差，你调整心态；他得寸进尺，对你更差，你的境遇就更糟糕，就得花费更多力气去调整心态。即使你每天去灵修，也无法阻挠正在恶化的现实处境。

为了调整心态，A 女生必须接受一个观点，叫作——没什么差别。世界各国没什么差别，男人之间没什么差别，公司之间没什么差别，人与猪之间没什么差别。调整心态最重要的部分是通过扭曲对世界的认知，来达到心灵上的平衡。

A 女生的大脑知道，一旦知道这个世界有高低、对错之分，那么调整心态这件事情就会进行不下去的。那么，最好的方法就是摧毁这层认识，通过常年阅读《男人都一样》《重要的是心态》进行自我催眠。

※

[所谓的大局观]

说起来，A 女生这种人之所以会萌生调整心态的想法，和“人生导师”也有分不开的关系。他们的身份不好说，可能是你的邻居、你的长辈、你的同学，也有可能是我的大爷……我曾经亲耳听见一位人生导师劝导被老公扇巴掌的女人：“你别老想着离婚，做人做事情要有大局观，要摆平自己的心态。”

大局观是非常有趣的论调，乍听之下，感觉相当了不起。

在运用层面上，它是剥削者对奴隶超好用的洗脑术。所谓的大局观，无非是要你隐藏去“人”的属性，牺牲“人”应得的权利，然后去实现一个被鼓吹出来的大梦想。这个大梦想可能很多，比如某一天老公再也不出轨了，某一天抠门老板突然给你发奖金了，某一天所有的羞辱都将会变成恭维……当你认为未来有希望，就会对自己说“放平心境，忍住，以后都会好起来的”。问题是，很多事情，现在很糟糕，未来也只会更加糟糕；因为现在剥削你、羞辱你的人，从来都没有想过要赋予你权利，他们只在乎能不能从你身上得到更多。

※

[千万别快要被虐死了，还在那里调整心态]

当不好的事情发生在自己身上，无论是打算逃跑、忍耐，还是大步往前走，首先，最重要也最为有益的事情是思考。思考事情是如何发生的，如何走到这一步的，什么是对什么是错的，甚至应该考虑你真正想要的是什么。

有人认为，环境是不可改变的，所以我们只能调整自己，想太多只能徒增烦恼。若是这话放在公元前搞不好还有点道理，人类迁徙改善环境的难度很高，搞不好在路上就被野兽吃掉，或者是染上奇怪的疾病挂掉了。而在当代文明，一张几百块的动车票就可以从北京到杭州；有钱去英美，没钱则可以去德国之类低学费的国家接受教育。比起所谓的“接受现状与调整心态”，你有太多太多的选择了。之所以大多数人不离开渣男、渣工作、渣老板，绝大部分是出于对未知的恐惧，哪怕现状已经彻头彻尾地把你羞辱得面目全非，他还是觉得“还是现状好”。

你可以说等待机会，一旦找到工作就离开这个男朋友；你可以说等考过某某证书，就离开这个单位；你可以采用缓兵之计，等机会成熟再考虑离开。

但是，可千万别快要被虐死了，还在那里调整心态。还真的是注定要继续倒霉下去呀。

※

少把时间浪费在调整心态上

话说回来，喜欢“调整心态”的人肯定不认同我的观点，恨不得现在就通过网线爬到我家里把我的电脑给砸了。他们会高兴地宣称自己的做法叫作——强者精神；强者，适应环境也。

他们才不愿意换一个约会对象，或者走出家门看两眼；他们陷入不能自拔的自我陶醉，把自己幻想成一个忍辱负重的英雄，若是赶上一个有表演性人格的，他愿意反复与身边的人畅谈人生故事……是的，我知道人会在忍受痛苦中得到一种变态的成就感，通过“调整心态”达到一种自我感觉伟大的生活感受。

如果这种梦，能持续一辈子，大概真的没什么问题。可是……它们往往延续个三年、五年，至多十年就会梦醒，那时候，你真心想逃离也未必来得及了。

如果这种悲剧真的发生了，应该怎么办呢？说真的，我也不知道，只能说，趁着年轻力壮，遇到不公正的事情要么拼、要么逃，两者都是好选项；少把时间浪费在调整心态上啦！

chapter ◆ 19

≈

真诚是唯一珍贵的品质

1-3

“百分之百地投入一段恋爱，其实真的很傻。正确的做法应该是投入百分之五十，百分之十留给自己，百分之二十留给有可能碰到的更好的男生，百分之二十留给寻找更多的可能性。真诚会让你受伤，作为现代女性，我们要快乐，不要受伤，所以，减少一些真诚是有必要的。”这段话，是我在书店里无意中翻书的时候看见的。我忍着要把二十多年前喝过的牛奶吐出来的冲动，把书翻过来，果然，又是某位“情感教主”的恋爱宝典。

虽然我本人极度厌恶这种话，但是这种类似的价值观确实非常流行。它号召女性进行一场保留自己，随时保持警惕，不以真诚作为基准的恋爱，它总让我想到与之非常相似的另外一句话“认真你就输了”。两者强调一种抽离的生活方式，它们都率先认定全身心地投入到某件事情是愚蠢无知的标志。成熟的人应当学会若即若离，不对任何事情倾注过多的热情。恋爱的时候，女生不要对男生太好，要高冷要女神，要引导对方多付出，但是自己则可以骑驴找马。情感专栏作家经常有双重思维的思考方式：他们一面教育女性不要全身心投入，要世俗要利己主义；一面又要求男人要倾尽诚恳，专一贴心。你若是站出来指责她们自相矛盾的处世哲学，她们就能跳出来告诉你——因为我们害怕受伤啊！仿佛全世界都有义务把她们捧在手心中，把所有的资源好处都优先给予她们，否则戳碎那颗小心灵就会惹来毁灭地球的大灾难。

2-3

在这里，我必须说一句，受伤与否和真诚并没有必要的关系。

你跟很糟糕的男生交往，哪怕你只投入百分之五十，或者更少，仅有百分之三十，最终你也会落个遍体鳞伤的下场。这种男生的天性里就有一种残酷，他们天生擅长榨干他人的能量，哪怕你只是在旁边稍微路过一下，他们也能让你倒个大霉。被伤害这件事情不在于你付出了多少，而是你到底是不是看走眼，找到一个吸血鬼当男朋友。

如果事情换过来。你的恋爱对象是很正常的人，他待人友好真诚，情绪稳定善良；他可能有些小缺点，但是整体来说，他还是可靠诚实。面对这种男生，你若是摆出试探和游戏的嘴脸，或者总想着测试对方，最终的结果当然是——彻底地失去对方。没有人是笨蛋，你以为自己的心计高超迷人，没准只是别人不好意思说穿你。没有任何一个正常的男人，或者女人，能够经得起这些欲擒故纵的把戏，也没有哪个有尊严有独立思想的人愿意没事给自己找罪受，偏偏要找一个对自己不真诚不投入的恋人。除非，他是一个受虐狂。

我不知道到底是什么造就那么多的人开始相信不真诚的生活态度。

他们常说的理由是，过去自己对某件事情投入很多，却没有得到想要的结果，干脆痛下决心再也不付出真心。

可是，他们稍微冷静下，就能想明白其中的利害关系。选择关闭心灵并不是对自身的保护，相反，它是一种自我阉割，并且加大错失后续幸福的可能性。如果你的伤痕没有愈合，那么，你可以选择继续疗伤；如果你决定去爱，就应该去投入、去付出你的真诚。无论是爱情、友情，还是合作关系，其中任何一方缺少诚意和真心，这段关系就注定会走不下去。当你发现对方有问题，你应该选择走开，而不是继续耗在那里选择付出百分之二十，还是百分之四十五。坏人就是会伤害你，哪怕你仅仅是路过的无名氏，他也会由于自己不爽揍你一顿。

3-3

人们恐惧于“真诚”“付出”将会遭受伤害，却忘记“不真诚生活”同样会带来负面的影响。当我们服从于不真诚的生活哲学，也意味着彻底告别胸腔中的热血与对生活的珍视。我们变得不能投入，也无法再体会到解决难题的快感。这种生活哲学所倡导或正在倡导一个这样的原则：什么都是不重要的，什么都是不值得去争取的。工作有什么重要的？兴趣有什么重要的？学习有什么重要的？谈恋爱有什么重要的？它们，根本都不重要！

当你开始减少真诚，多一些玩世不恭的态度，你会觉得自己很酷很机智。在丧失真诚的时刻，你是什么都无所谓的，所以，做出选择的时候，往往会缺乏谨慎和忽略内心深处的想法。无论是结婚、恋爱、交友、工作，还是其他重要的事情，你都是抱着很随意的态度在做选择；你认为自己是理性冷静的，因为不奋斗就不会失落，不追求就不会受伤，什么都不去做自然能换来安宁的生活。唯独没有想过的是，“安宁”其实是一种很不容易也很高级的状态，它不是天上掉落的馅饼，而是持久坚持和谨慎选择路径的结果。一个人，若总是在随性决策，逃避错误和修正，他的人生注定是要以悲剧收场的。

真诚生活的可贵之处在于，你尊重自己的生活，想办法做对每一道选择题，坚持不懈地追求最恰当的道路。从未真正投入的人，既不懂得热情在心灵深处燃烧的快乐，也不懂得这份燃料就是生命最大的推动力。为人为事情倾其所有并非是自我感动，它是一种严肃且坚定的生活方式，它意味着你对自己负责，也对他人负责。它让你学会爱上别人，也得以让别人爱上你。

chapter ◆ 20

要赚钱，就要放弃理想主义吗

1-3

我有一个朋友叫王大猫。

王大猫之所以叫王大猫是因为他很喜欢猫。

在贫寒的大学生涯中，他无意中收养了一只路边的小奶猫。由于没钱给奶猫买很好的零食，他只能每天去食堂吃鱼，然后把剩下的鱼骨头洗洗，混着猫粮喂这只小奶猫。通过这段投喂经历，王大猫就变成一个资深的小猫爱好者。偶尔路过有野猫、小猫聚集的草坪，他就蹲下来喵喵乱叫，渴望与小猫进行一番互动。遗憾的是，王大猫常年宣称自己“喵语四级”，可是，他再也没有忽悠到任何一只小猫。

王大猫的家境很贫寒。

他住在没有暖气没有自来水的小房子里，平时好几顿都吃不上一口肉，住校的时候也只能吃最便宜的饭菜。平时在学校里，他也经常受到老师和同学的欺负。但是，他非但没有要“发愤图强考清华北大”的觉悟，反而成为一枚喜爱打游戏的少年。他不写作业，却常年是班级上的前几名。在高考的那个早晨，他先是慢悠悠地去游戏厅打了一会儿游戏，再背着小书包去考试。高考成绩出来以后，他去了一所既是“211”又是“985”的高校，读了一个很好很热门的专业。

作为穷人家的孩子，王大猫没少遭遇不公正的对待。不过，他的人生愿望不是赚大钱，而是帮助和自己一样的人。毕业后，他的同龄人渐渐地都开始舍弃理想主义的情怀，开始成为巩固残酷的社会价值观的一员。那些坐在图书馆里谈论梦想的少年，正在逐步走向犬儒，在随波逐流中渐渐丧失信念。

当时，其他同学进入名牌企业拿着高薪的时候，王大猫毅然决然地选择继续念书，想方设法奔赴美利坚学习知识。他认为要帮助社会不仅仅需要一腔热血，更加需要拥有足够多的专业技能。在这里，我必须提到王大猫有一个特别妙的地方，所有大家认为有用的东西他都学得特别漫不经心，所有大家觉得没什么必要学的东西，他不仅深入其中，还学得津津有味。

几年以后，王大猫结束了学业，开始了周一到周五工作，业余时间投身公益事业。他不善于办公室政治，不喜欢没日没夜地加班，更没有强烈的赚钱决心。不过，凭靠着稀缺的技能和智商，在工作二十五个月后，他已经过上月入七万元的生活。

2-3

王大猫喜欢写文章。

他在社交平台上有那么点粉丝。他在业余的时间里，喜爱给大家翻译卷宗或者是写几篇法律观点的文章。在个人的价值观上，王大猫强调“不嘲笑穷人”“帮助弱者”“心怀悲悯”几点核心；在现实的实践中，他就是那种不忍看见他人苦难的人，平日路过街头看见要饭的老爷爷老奶奶，或者身边的朋友受苦，他都会尽自己的微薄之力帮助对方。

可是，每逢王大猫在网上倡导“向善”的生活方式的时候，总会被别人狠命嘲讽一顿。网友们对于王大猫的价值观极度担忧，要么是劝告他“你太理想化了”“你这种人能赚到钱吗”“你怎么这么大了还那么傻 ×”，要么就是嘲讽他“你这种人活该屌丝一辈子”“你再不改变你这种不切实际的想法，就永远不可能过上月入万元的生活”。许许多多在现实生活中根本不认识王大猫的路人，都坚持认为他是个超级大 Loser；他们都认为，想要赚钱必须舍弃人性，必须不择手段，提倡善意和理想的多半是啃馒头的穷鬼。

然而，这些批评王大猫的人，并不比他成功。在这些人里，有月入三千元住着隔断房的小员工，有吃顿三十块钱午饭都要心疼半天的学生党，有工作多年工资仍然在八千元左右徘徊、喜爱正能量的人生导师……当然，还有一位批评者为了驳斥王大猫的价值观，洋洋洒洒地写了好几千字讲述自己的人生奋斗史，自己是如何修炼厚黑学，圆滑机智地在职场里摸爬滚打，终于在三十岁的时候成为年薪十万元的有为青年。这位批评者后来荣获一番好评，华丽地成为社交媒体的红人，好像最后还在网上写专栏，专门教大家怎么使用计谋成为职场小能手。

大家一致认为王大猫的生活具有魔幻现实主义色彩。这里的问题不在于赚多赚少，而是一群比较不成功的人去教育更为成功的人应该如何生活。“喜爱教育人”本身没什么问题，只是那群比较不成功的人坚定地认为自己掌握了真理和世界真相，他们认为同情和理想主义是愚昧的，只有互相撕咬满嘴狗毛，才有可能成为这个社会的人生赢家。

3-3

不晓得大家是受垃圾文艺作品的影响，还是被思想卑劣的前辈教导得太多，每个原本都挺好的人，突然之间开始相信——只有放弃人性和理想，你才有可能成功。在社会中，确实有很多坏人获得成功，可是，他们不是因为坏而成功，而是由于其他你不知道的因素。如果变成浑蛋就能有钱，那么街头肯定遍地是千万富翁了。一个开着保时捷、银行账户上全是美元的浑蛋，他的成就可能仅仅源自于爸爸是有钱有势的权贵。

没有背景的年轻人不要考虑怎么心狠手辣，幻想自己是个邪恶且智慧的谋略家。想要拥有不错的收入，最重要的是学习到真正稀缺的技能，然后，通过这些技能为自己创造一个相对不错的起点。在这个起点里，你要学着敞开心胸，心怀善意，这样，新的朋友圈才会愿意接纳你。

作为普通或贫寒家境的小孩子，自然没法和富二代竞争教育资源。别人家爸妈花费巨资给孩子读名校，上昂贵的培训机构，这些付出必然是有效果的。唯一能跨越这个鸿沟的唯有热爱和天赋，抱着纯粹功利的态度去做某件事情，人是很难坚持下去的。因为，你会渴望尽快看到效果，而很多事情是不可能立刻出现成效的。所以，每次你看不到结果，别人告诉你某件事情更赚钱的时候，你就会放下手中的事情去做另外一件。每次都如此，也就意味着你每次都将看不到结果。

嘲笑理想主义，推崇“赚钱高于一切”的人，其实蛮可怜的。若是真有本事能混出个安稳日子还算好，最怕的是本身没能力，又舍弃了理想，最终仍然什么都没有得到。他们不知道自己牺牲多少可能性。理想和人性都是灯，它们引领着你一步一步地走出黑暗森林；只要不否认并努力感受它们的存在，最后，你一定会被温暖着，找到属于自己的小世界。

王大猫热爱猫咪和游戏，也热爱知识和帮助他人。在窘迫艰辛的求学时光里，支持他继续向前走的就是心中的那份热爱和善良。他不是没有去名牌企业工作，或者进入体制的机会，然而，他选择的是一条更难更寂寞的道路。在追寻理想主义的路途中，他学到很多东西，顺便得到了一份很不错的薪水。

念书的时候，我认识一个苦读艺术史的男同学。这个专业又难又不受长辈待见，所有人都嘲笑他傻，认定这种专业出来就是要扫大街的。毕业后，他在纽约知名的古典音乐经纪公司找到薪资不错的工作，那些被别人认为无用的学科塑造了他卓越的审美，也让他成为富有竞争优势的求职者。

男同学和王大猫都没有很好的出身，他们也没有时时刻刻地刷题奋斗、投机交际、讨好权贵。他们出于热爱，把时间放在别人根本看不上的事情上。在别人研究厚黑学、研读鸡汤、思考如何多涨点工资的时候，他们就那样专注地朝着自己的目标奋斗。渐渐地，他们把同龄人甩在遥远的身后，他们依靠自身的学识，成为这场比赛的真正赢家。

chapter ◆ 21

跟流氓在一起，要不要变成他们

1-3

昨天晚上差点被气晕过去。

之所以那么生气，主要是因为和我爱我家（北京知名房产中介）的多名员工展开激烈争执。争执的原因很简单，在我缴纳上万元的租房中介费以后，我要求他们帮我修个洗衣机，结果大半年都没有把这件事情解决好；更不要提他们糟糕的服务态度，有一位嚣张跋扈的女员工动辄就开口说："你再这样，我以后就不给你好好服务了。"还有什么店长之类的，也是完全摆出地痞流氓的嘴脸——我就这样了，你能怎么着？我人多，你就一个小姑娘，你能怎么着？我就是不给你修好，你又能怎么样？

我和我的朋友讲起这件事情，她是这样说的：这群人就是百分之百的流氓。对付地痞流氓的方法，讲理是没有用的。你越是讲理，就越是被人视为书生气和好欺负；你就得对他们更加凶悍，好好说根本解决不了问题，你得摆出更凶悍、更加不怕死的态度。她讲起多年前买房的时候和我爱我家的纠纷，最后完全不是靠讲理解决，而是靠“谁比谁横”才解决的问题。她诚恳地建议我，“如果你要和我爱我家的员工讨论道理和希望他们提供服务，你还不如看看世界上有没有安静的哈士奇。”

2-3

我自问是个好房客，租房子以来，能自己做的事情就自己做，交房租也很准时，从来不拖欠。再者，我租的房子也不算便宜，支付给中介的服务费也不低。但是，为什么花钱以后，我还是得不到正常的服务？我不要求任何多么贴心可贵的服务，我只是希望对方能信守承诺，做完合同上面的事情，而不是打擦边球和推卸责任。

但是，如果对方听不见你的诉求怎么办？当对方是个流氓的时候，你该怎么办？当没有任何一个机构来制止流氓的时候，你应该怎么办？

摆在我面前的只有两个选择，第一个是，变成流氓；第二个是，想其他办法惩罚他们或逃离。后者显然缺乏力度，就像我现在做的那样，正在想办法告诉你们这家中介机构是多么坑爹。要论效果，当然是第一种更有效更好用，就如同我所有朋友所说的那样，对付那群家伙最好的方法就是变成他们，然后狠狠地教训他们一顿，这样他们就能老实了。

这件事情真的闹得我很头疼。在你花钱买服务之前，对方什么都答应得好好的，但是给钱以后说翻脸就翻脸，简直让你措手不及。你理论，没用；你抱怨，没用；没有任何人能帮助你，在这个时候，强权和耍流氓是完成诉求的唯一方式。我以前经常觉得某些人做事情特别无理取闹，但是当我和房产中介打交道以后，我突然开始理解他们。如果不需要闹腾就能解决问题，谁愿意闹腾？谁不希望姿态好看呢？既然没用，那就闹呗。真的，你没法指责他们。以前我在网上看到有人坐在黑中介门口拉横幅之类的，现在，我也产生了要去拉横幅的冲动。

3-3

可惜，最后，我没有去拉横幅。

第一个原因是胆子小，害怕被流氓胖揍一顿；另外一个原因，我开始考虑，为了对付流氓，我们自己就要变成流氓吗？我不责怪以闹腾达到目的的人，甚至对他们抱有同情心，人在江湖，面目狰狞也都是无奈之举，为了吃口饱饭，拿回黑中介的几千元，人们又有什么办法呢？吃亏是福不过是在自我安慰罢了，很多亏吃了也是白吃。

到底是要变成流氓，还是要坚守自己选择另外的方式去惩罚或逃离，两者很难说出哪个更优，也无法说出哪个是最理性的。我选择的是后者。因为我对这群人有一种发自内心深处的厌恶和鄙夷，他们的愚昧与野蛮让我感到恶心；他们的脑子里装满了糨糊，压根儿不懂得尊重和诚信的意义。想要让他们害怕的方法就是成为他们，然后，比他们更凶悍、更无赖、更野蛮，这样，他们就会突然变成温顺的小绵羊。问题在于，这样的行为意味着你认同他们的游戏规则，并且参与了这种游戏规则。

流氓规则有一个重要的特点，即大家不以讲道理和公义为前提解决问题，而是倡导谁力气大谁就厉害。流氓能理直气壮地提出、做出侵犯你权益的事情，然后摆出一副你能把我怎么样的嘴脸。流氓不仅存在于黑中介中，他也存在于数不清的小事情中。诸如恋人告诉你，我们男人就是喜欢勾搭妹子啊，就算我们结婚以后，我还是要聊骚妹子的哟；老板告诉你，你来我们这里上班，你来我们这个行业，就是这样子的，你就是加班没有加班费，累死了我们也不会给你算工伤；闺密告诉你，人与人之间就是要互相利用的，朋友之间根本没有真感情……会有很多人告诉你很烂的道理，并且希望你相信这些道理，然后去适应这些规则。

相信流氓规则，或者融入流氓规则，你会发现所有的边界都消失了。再也没有正义和规则，在这里大家要比谁的拳头更为有力；你被欺负，被碾压致死也没有人会看你一眼，这里的规则是掠夺和占便宜；周围的朋友越来越烂，环境越来越差劲，没有文明，也没有互相帮助。

选择融入而非逃离流氓规则，你就等同于选择切断自身与文明的联系，投身进入最荒芜最恐怖的丛林。你相信强即是正义、嘲讽规则之时，却忘记自己恰恰就是弱者。

不想变成流氓，可是，也不想被欺负。唯一的办法就是努力去一个较为公正的环境中生存，若是没有办法做到这一点，至少可以尝试大胆地发声，你可以站出来告诉其他人这里到底发生了什么，避免产生更多的受害者。这些都做不到，那么，也没有人应该责怪你或批评你。不过，至少，我们应该尝试努力一下，去拒绝这些流氓规则，也劝告自己不要成为流氓的一分子。不要为了出口气而成为他们，也不要让自己成为自己曾经所讨厌的人。

chapter ◆ 22

≈

任何你不懂的东西都叫作装逼

1-3

前几天，我看到一场很不错的音乐会要演出。

不过由于订票的时间真的太晚了，所以连特别差的位置都没有票了。为此，我就发微博求助，想看看有没有谁买了票不能去，或者想要转让的，我愿意稍微加一点钱收两张票。这条微博不知道后来被哪个大号转发了，第二天早上起来，我看见微博里多了很多回复。卖票的人一个都没有，倒是来了许多冷嘲热讽，还有几个人在下面什么“你们有钱人就是喜欢附庸风雅啊”“呵呵，有这个钱干什么不好啊，非要听这些东西”“PO 主矫情，呵呵”。还有两三个人在下面说什么“《小苹果》不知道比这些音乐会高到哪里去了”之类的。真棒，没有弄到票还招惹来一群莫名其妙的鬼东西。

再说一件事情。

我认识一个男生，他在很有名的大学读博士。他是那种天生就比别人聪明点的小孩子，当我们还在为课本上的数学题苦苦挣扎的时候，他已经是拿各种金牌奖的奥数小能手了。本来就擅长读书，再加上兴趣的驱动，不知不觉中，他就已经读到博士了。近几年来，国内本来就对读博有许多偏见，每次他回家过年的时候，家中亲戚总是拉着他问："什么时候出来赚钱？""啊？什么，还要读这么多年啊？我告诉你啊，读书没有用啊，你得出来找工作，赚钱，多拉关系才行啊。"除去长辈对于读书的不理解，年轻人也开始热衷于"读书无用"的论调。在各大社交网络平台里，流传着各种对于博士人群的嘲讽，尤其是对于女博士的群体。

人们对于博士群体的嘲讽已经变成恒久流行的段子，在这种娱乐化语言之下，是反智情绪和自以为是的骄傲。人们并不尊重学识，除非你能告诉他这些学识能够变成东三环边上的房子，他们才可能半信半疑地看上你几眼。多管闲事的男人为女生读博士以后嫁不出去所担忧，却忘记女博士们根本不会嫁给他们，甚至不会多看他们一眼。一群人为另外一群根本看不上自己的人的婚姻大事所操心，这种热心的态度真是叫人感动。

2-3

粗俗的人开始嘲笑精致的食物，不学无术的混混开始否认读博士的价值，笨蛋嘲笑智者“想太多”，从来不好好剪指甲的人吐槽爱整洁的男生是娘炮。说脏话不是没教养没礼貌，反而是性格直爽和不矫情的标志。一个女生若是和别人说自己喜欢吃怀石料理、热爱博物馆和艺术，她极有可能被贴上“喜欢享乐”“做作”的标签。反之，另外一个女生说自己喜欢吃路边摊，热衷烤串和麻辣烫，就会被认为是好相处、率性。不晓得从什么时候开始，美好的事物反而变成不正义的存在，垃圾文化与食物反而是诚恳的代名词。当人们开始嘲笑精巧与美好的时候，糟糕的文化就正在光明正大地登堂入室。

请容我非常不客气地指出，这群人是非常可怜的家伙。他们是一群什么都没有见过，也没有办法理解的家伙。他们没有见过真正的好东西，自然也无法理解别人为什么在听见马勒的时候会潸然泪下，也不能理解人文学科对于人性的深远影响。哪怕他们见过，但碍于狭隘的心胸，他们也不能理解这些精妙事物的动人之处。他们是混乱的相对主义者，坚持认为《小苹果》和《哥德堡变奏曲》没有高低之分。他们那贫乏到令人同情的理解能力，导致他们不能理解别人与他们是不一样的，即使世界上真的有一批人，是真正醉心于精神世界，对艺术和美好食物有一种发自内心的喜爱。他们不能想象别人喜欢听马勒就是喜欢听马勒，别人喜欢讨论哲学就是为了讨论哲学，别人做很多事情是完全出自内心的喜爱，而非装装样子。

3 - 3

我以前在上海生活的时候认识一个老太太，她已经七十多岁，但仍然保持着非常得体的谈吐和穿着。出门的时候，她要穿上手工绣花的旗袍，外面要套上一件灰色的针织外套，头发也要梳得整整齐齐的，最后还得配上一条珍珠项链。每逢周日，她都坚持去徐家汇教堂做礼拜。她和我们谈起过在那最险恶艰辛的岁月里，家徒四壁，生计已迫在眉睫，她仍然会把那几件衣服洗得干干净净，出门的时候仍然要保持着干净整洁的模样。曾经有人挖苦她是打肿脸充胖子，小资情怀。而她则把这些行为视作是一种仪式，时时刻刻提醒着自己不要忘记对美好的追求，即使深陷于污泥之中，也绝对不能破罐子破摔成为污泥中的一分子。比起沉沦，选择坚持这样的信念显然是更难且更不容易，这份信念支撑她走过漫漫的岁月长河，变成一位经得起岁月沉淀的优雅女性。

我对这位老太太真是十分敬佩。坚持美，坚守与美相关的信念和生活方式本身就很不容易，若是再加上身边人的嘲讽，想要继续捍卫自己的信念是需要巨大勇气的。垃圾文化不容易消失，流行文化也会有一波又一波的流行风潮；而有一些东西，一些体验是美好且非常脆弱的，如果我们不去捍卫它，就有可能永远地被破坏、消失在这个世界上。

十八岁的时候嘲讽知识与审美是少年期带来的叛逆，也是绝大多数人的必经之路。但是，人到了三十岁还停在十八岁的认知水平，那么就实在是一种不幸。年轻的时候，我们拒绝精巧、拒绝学问、拒绝承认自己不知道，也拒绝审美偏爱艳俗，这一切没有问题，也没有人会真的跑来责怪我们；可是，随着年龄越来越大，我们心中必须开始知道自己“不知道”，也应当渐渐习得对于美与智慧心怀敬畏。

人可以选择粗俗的生活方式，但是不应该嘲笑比自己活得细致的人。我见过一些人，他们只要看见他人陶醉于精巧的事物，就立刻火冒三丈，痛斥别人在装样子。

他们能容忍自己的品味永远地停留在穿越小说和《爱情买卖》中，却绝对不能接受另外一个人喜欢卡拉扬。他们相信苍蝇馆子里的地沟油鱼火锅最美味，嘲笑着吃高级料理的男女，根本不能理解就餐体验也是身心愉悦的一部分。只要是他们所不能理解的、尚未尝试过的事情，他们就认为是伪善和装样子的，在那无药可救的狭隘之下，隐藏的是一颗拒绝探索、充满反智意识且不自知的心灵。

chapter ◆ 23

绝不向低标准妥协的理由

1-3

我觉得“随便”地做决定，真的会导致很多问题。

之所以会有这样的结论，是因为我在这件事情上吃过亏。以前老板让我写调研报告或者 PPT 的时候，时间很紧张，我又想下班出去和朋友玩，为了图快就写得很粗糙，该动脑子的地方没有动脑子，反正就是照猫画虎弄出来的玩意儿。

结果可想而知，我不仅浪费了白天的时间，还被老板要求加班，吃饭娱乐的事情也泡汤了。

当时我的老板是一个很成熟的职场御姐，她对于个人管理和项目管理都颇有经验与心得。在她目睹我多次重复返工后，就把我叫到办公室里谈话。她的谈话内容很简单，大概是“只要是你随便弄的东西，结果肯定都是不好的。

你以为这样做会很快，实际上别人还是会要求你返工。既然如此，为什么不第一次就按照高标准来做？你能节约时间，别人也会更省事”。

我当时觉得她言之有理，就按照这个方法开始工作。给自己定好比较高的标准，然后按照这个标准去做事情，中途绝对不泄气和妥协。它的坏处是，开头的时候会觉得很费劲，也会觉得很有压力。但是，它的好处也是明显的，就是抱着这种心态去做东西，成品都会相对比较不错。看起来很花时间，实际上是更节约时间的；因为你不需要重来，基本上做好的东西都能一次通过，至多就是再做些许细微的调整。

2-3

我以前跟一个豆瓣上认识的女生说起这件事情。

那天晚上，她给我写了一封特别长的豆邮。她说：“不要随便做做，这条道理不仅仅适合工作，更加适合于感情中。”她在豆邮里写了很多对于这件事情的思考，也说到那段由于仓促做出决定而以离婚为结局的婚姻。

这个女生其实是那种蛮不错的女孩子，长相很可爱，小小的，笑起来很温柔，是那种典型的江南美女。硕士毕业后，她顺利地进入银行工作，领导也很赏识她。美中不足的是，她还没有男朋友，家人很着急，就四处安排她去相亲。

她对相亲是极其不愿意的，不过又刚刚经历毕业失恋，也对感情难免抱着一种“随便就好啦，找个老实过日子的男人就算了”的态度。朋友和家人劝她不要想太多，什么真爱不真爱的，趁着年轻找个好男人，过上安稳的小日子才是正道。她原本坚决要嫁给真爱的心情，也渐渐开始动摇了。

就这样，她开始按照家长的意见相亲，把男生的条件做一系列筛选，选择和几个还不错的保持联系。经过了大半年的时间，她挑选到一个各方面都比较平均的男生，就结婚了。

在结婚前，他们的相处还算比较顺利，彼此之间很少提及比较严肃的问题，所以也没有真正意义上的谈话或争吵；双方家长看两个年轻人很和睦，就迅速帮他们买房买车，举办婚礼。直到他们去巴厘岛度蜜月，她才开始真正和这个男生生活相处，她惊讶于这个男人竟然有那么多令人难以容忍的地方，衣服乱扔，早上起床不洗澡，从来不愿意认真整理行李；然而，他也觉得妻子是一个难以理解的人，为什么她总要纠结着一些琐碎的小细节紧紧不放呢？

他们开始为小事情争吵，结婚不到半年时间，两个人发现彼此无论在床上，还是在床下都根本合不来。接着，她开始考虑咨询离婚，发现后面有很多路要走，怎么和家长交代，怎么分割财产，每一件事情都远比谈恋爱更加复杂。

她从未预料过这一切，当初之所以结婚的愿望，不过是为了迅速解决单身的问题而已，却从未预料到这个仓促的决定导致了更加麻烦的问题。今天，她需要花费不止一倍的精力、时间去纠正这个错误。

“婚恋专家教女生，想要嫁人首先要妥协。如果你身高不够高，年纪不够小，家境不够优越，那么就不要挑三拣四，一定要放下要求，去妥协，这才是迅速结婚的方法。”她在豆邮里写道，“他们不会告诉你，妥协才是最大的成本。妥协不仅不能让你走到目的地，还会让你远远地偏离目的地。”

3-3

妥协，仿佛是生活在现实世界里总会面临的选择。彻底不妥协，这是不可能的，终究有让你珍视的东西会让你弯腰。彻底妥协，或妥协的太多，也是不可取的生活方式；尤其是在重要的原则问题上进行妥协，有可能造就两条完全不一样的人生路。

就拿结婚来说好了。总有那些长辈劝告你抛开精神层面的思考，要以最世俗的角度来看问题，即结婚就是为了做伴，共同抵御风险，繁衍后代。他们认为这是通往幸福最快捷的道路，你不用去恋爱，找个条件差不多的人就能成家了。

他们没有告诉你的是，完成以上的任务是相当不容易的，这个过程无趣，高风险，必须互相理解、互相支撑才能搞定。很难想象，两个既不珍惜对方，也缺乏足够感情浓度的人能耐心地做完这些。爱情或许会从激情回归平淡，可是，那份爱仍然在那里。再平淡的爱意也会散发温暖的光芒，照亮心底的黯淡与无助，也让两个人有携手对抗生活的勇气。

之所以在还没有坚持足够久就选择妥协，是因为我们误以为妥协后的日子会变得更舒服，也能碰到一条坦荡安稳的捷径。但是，我们很快就会发现，在重大的事情上妥协带来的后果是致命的，它既不通往目的地，也无法令你感到身心愉悦。真正保护我们，引领我们通向幸福道路的是，你对于生活有期待、有要求，去挑剔、去精挑细选每一个东西。

笨一点不是坏处，想要走的路就认真走，不去考虑别人怎么做，跑得有多快，而是按照高标准做好每件事情。看起来很近的捷径可能会很远很痛苦，相反，有些很寂寞很难的道路，恰恰是最近最好的选择。

chapter ◆ 24

追寻梦想，不能以牺牲他人为代价

1 - 3

自从创业在国内流行起来后，年轻人都蠢蠢欲动，渴望在互联网、移动互联网的世界里干出一番丰功伟绩。他们幻想从此屌丝逆袭、悲催男子变身为马克扎克伯格，过上美酒美食、去纳斯达克敲钟的生活。再加上媒体和各大创业导师纷纷发行自己的人生传记，创业变成再荣耀不过的事情。

我小学同学的男朋友，也是这些梦想追逐者之一。他相信只要依靠自己的努力，就一定能成为马云一样的大人物。这种想法是好的，能付诸行动也是挺不错的。

在追逐梦想的第一步，他首先希望爸妈能拿出五十万元支持创业，女朋友能拿出二十万元出来支持。要是赚钱了，这些钱会分成十年返还，原因是多余的钱他要留着发展企业，不能都用来还钱；要是赔钱了，那就算爸妈和女朋友倒霉。他的台词极其动人——如果你们爱我，就应该支持我实现梦想。我是不知道他是否创业成功了，但是我知道他第二天就被女朋友踹掉了。

不过，我倒不认为这种人是少数。我的叔叔在杭州有一个小门脸，他的侄子要创业，打算开一个类似加盟的奶茶店，问能不能便宜租用一下店铺。他想，给自家人总是比给外人好，至少能够信得过，后来就答应了。谁知道，这个侄子的生意没有起色，月月赔钱，最后一口气竟然欠下九个月的房租。叔叔知道他的情况后就说，算了，房租不要你的了，做生意赔钱也不容易，你收拾一下就撤吧，我把店铺租给别人。谁知道这个侄子非但不感激，还觉得自己的计划和生活都被破坏了，就放话说——绝对不走；你要是把我赶走，我就让你好看。

叔叔不信邪，心想你能把我怎么着？就口气无比坚定地说，必须走。两人拉拉扯扯半年，侄子虽然走了，但走的时候一口气把墙敲了，还把水电的线啊，管子啊，都给剪掉了。他气得半死，找侄子理论。侄子倒是很理直气壮，说了一句“谁阻挠我的商业之路，我就见人杀人，见佛杀佛”。这个哥们儿就从来没有考虑过一个问题，真正导致他人生出问题的不是别人，而是自己缺乏基本的经营能力。

2－3

在我们的日常生活里，大家总是特别强调“贵人相助”，无论是烧香拜佛，还是市面上毒害他人的心灵鸡汤，无一不强调贵人。常见的故事有某某某，很诚实，站在大雨天里等失主。失主是个大富翁，看到那么诚实的人很感动，就出钱给他做生意，或者给他一个 CEO 的职位，从此，这个某某某就走上人生巅峰，迎娶白富美。这个故事所强调的寓意是，你得想办法遇到贵人，有贵人相助，你才能成功。反正，我是不相信这种故事的。

先别说捡到东西有多难，再者，失主是土豪的概率更加是少之又少。就算两者都被你碰上了，土豪也不是脑子抽风的笨蛋，不会看你心地善良就把整个企业交给你打理。品行是重要的，但也不是说有了品行我就可以不要专业技能了。不过，那些认同“贵人决定命运”的人，即使在生活中没有能遇见贵人，也会想办法去创造贵人。

他们创造贵人的方式很简单粗暴，就是每次他们想要做什么事业，就打开手机里的通讯录，找这个帮忙，找那个办事的，事后还不能给钱，只是理直气壮地索取。现代人脸皮薄，一般第一次都不会拒绝你。如果碰上脾气比较横的，他们就能做出软趴趴的姿态，穷追不舍地给你打电话。你若是对他们翻脸，他们就会训斥你：“哇，这么薄情？这种忙也不愿意帮？”

他们的人生信条不是智力和才能，更加不是专业知识和科学训练。他们就坐在那里索取，期待遇到提拔自己的贵人。他们既没有醋也没有姜丝，安静地坐在那里等待着送上门的阳澄湖大闸蟹。

即使运气够好，一个心善的好人愿意提拔他们；他们依然不会觉得满足，除非对方能够永远不求回报地付出一辈子。当别人一旦停止帮忙的时候，之前所有的付出都等于没有发生，他们将会四处编造谣言，说着恶毒的坏话。他们的内心世界仿佛是永远填不满的无底洞，再多的恩情也将在这里化作灰烬。停止帮助自己的恩人将不再是恩人，他只是一个打碎自己飞黄腾达人生的罪魁祸首。

互联网行业，尤其是创业圈里泛滥着这种人。如果说是公益活动，那么义务帮忙也没什么；偏偏他们是商业对商业，一面要求对方给予资金和资源，一面却从来不考虑自己能回馈对方什么。曾经听做 VC 的朋友说，每次去参加创业者的活动回来，总会接到很多奇怪的电话，上来就是“什么时候给我投一百万美金”“你必须得投资我这个项目”，或者干脆只见过一次面，就找他帮忙改 PPT。

3 - 3

人与人之间固然是有责任的，比如，父母有责任照顾孩子，恋人之间有责任彼此关照，朋友之间也需要互相帮助。然而，这个帮助是有边界的，这条边界，必须是在不伤害别人的利益，并且是对方心甘情愿的情况下所产生的。一旦越过这条边界，还不停地索取就是缺乏基本的同理心，一个无法体会到他人心情的人，注定在社交方面会有麻烦的。

人渴望去追逐梦想，做出了不起的事情是很可贵的。但是，在启程的时候，人首先要意识到，这个梦想只与你有关，只与志同道合的伙伴相关。若是要求所有的家人都投入到其中，本身就应该想想，你真的有能力做好这件事情吗？我很推崇帮助他人，尤其是面对陷入困境、被环境所碾压的弱势群体，帮助他们也是帮助我们自己。可是一旦涉及商业对商业的时候，就应当要为对方的利益所考虑。在涉及利益来往的事情上，别人能帮忙是好心，不能帮忙就自己继续想办法；而不要想着赶紧扯个人下水，就为了图自己方便。

要去做商业强人、要去搞创作、要去探索世界，很好，那就去做；要去拥有无与伦比的人生，很好，那就按照自己的计划去行动。当你用心做的事情，或者说，做好的时候，自然有赏识你的伙伴与你前行；只有醋和姜丝是要不来螃蟹的，但是，如果你已经拥有螃蟹，自然就会很容易找到锦上添花的佐料。追梦是你的事情，吃螃蟹也是你的事情，这条孤单的路途注定很远很冷，有贵人相助是缘分也是幸运，无贵人相助也不必强求之。一个人的路，一个人走完吧。

chapter ◆ 25

≈

做不好的事情，就不要做好了

1 - 4

我做蛋糕的水平真的非常糟糕呢。

它到底糟糕到什么程度呢？按照朋友们的观点，我烤的蓝莓麦芬品尝起来像是山东大馒头。不过，朋友很快就说：“还是别这样说，否则山东人得不高兴了，他们的馒头可比这个麦芬要好吃多了。”我不服气，果断地把问题推卸给写烘焙方子的人。后来，我查了英文资料，读了几本日本知名烘焙博主的书，然后就信心满满地跑去实践了。不过，迎接我的是更为可怕的黑暗料理。我曾经拿着自己做的蛋糕去喂流浪猫和流浪狗，但是它们闻了闻，就飞快地走了。我的基友说，作为一只流浪汪，它可以忍受寒冷饥渴，但是实在没法忍受一块如此黑暗的蛋糕；吃下我所做的蛋糕，就是等于放弃身为一只汪的尊严。啊！汪的尊严！！

除去做蛋糕以外，我好像天生不适合做细致的事情。参加数学考试的时候，我总是会少写一个小数点，或者就是多算几个数；写英文作文的时候，则经常忘记加复数形式，中文写作的时候写错别字也是经常的事情；用笔记本电脑时会莫名其妙地把咖啡倒进去；走路的时候不是碰掉这个就是摔个狗吃屎；吃饭的时候会被水呛到，好好的突然就会把杯子摔坏……就是因为这样，让我从小到大没少被批评。

我不是那种彻底不悔改的人。坦白地说，我真的很努力地修正这个错误，我从小学开始到现在，都经常提醒自己“水杯要远离电脑”“千万不要去卖餐具的地方”“一定要反复检查语法错误”……可是，意外从来没有远离我。上周，我把半杯咖啡洒到苹果电脑的键盘里。我郁闷得不行，只能按照预约的时间把它送到王府井的零售店里。修完电脑以后，我去楼上的乌冬面店吃晚餐，在吃乌冬面的途中，我从高脚凳里摔下来一次。陪我去修电脑的朋友被我这愚蠢且笨拙的行径彻底地震惊了。

2 - 4

虽然现在能轻描淡写地说这些事情，但是在很小的时候，我真是深受这些事情的困扰啊。

上小学的时候，其他小女生都是萌萌的、粉粉的、心灵手巧的。她们会做精美的小贺卡，或者给礼物盒扎上漂亮的小蝴蝶结。而我的手工作品，好像是被几只大金毛啃过或舔过一样——惨不忍睹。中学的时候更惨，班上的女生约我去做十字绣，别人都很快就能弄得特别好，而我就不行。在经历十多年的痛苦挣扎后，我决定还是不再为难自己，干脆利落地接受自己“就是没办法心灵手巧”这个事实。

之所以做这样的决定，并不完全是因为我尽（嗯，好的，就是因为我尽）。其中还有一些原因是，我觉得做好这件事情会花费我巨大的精力，让我无暇顾及更多的事情。总体来说，它的投入产出比真的太低了。而且，我觉得当人在为一件天生不适合的事情去努力的时候，真的好悲剧。你能感觉到自己的精力在巨大地消耗，却一无所成；与此同时，那些有天赋的人只需要花费十分钟，就能战胜你一百个小时的努力。我们不得不接受一个这样的事实，天赋的较量从学习的第一天就开始了。

3-4

我一直觉得，一个人的天赋其实在很小的时候就会有所体现。

有些小孩子天生听觉就比较敏锐，所以学器乐就是学得比别人快；有些小孩子数学比较好，逻辑思维很好；有些小孩子天性比较敏感，如果得到合理的训练，他有可能会找到不错的方向……在经历通识教育的途中，或者结束通识教育以后，每个人都要去做一个选择，决定在未来的时候到底要做点什么。

问题的核心就出现在这里，如果你花费太多时间、精力在自己不擅长的事情上，那么，你又该什么时候把精力放在真正重要的事情上呢？答案无疑是明显的，如果我们注定要花费时间在一些事情上，把精力都放在“有天赋”的事情上，而非“没天赋”的事情上，显然更有效也更明智。

4-4

每个人能奋斗的时间其实也就那么几十年。伴随着年纪越大，整个人的精力和冒险精神都有可能下降，所以说，年轻时代的时光是非常重要的。如果你天生擅长绘画和艺术，就千万不要听信别人“创业更赚钱”而跑去学人家做生意；任何事情，都不会因为单纯的渴望而成功。无疑，人的意志力是非常强大的一种能量，它能支持你忍着坚信行走，含着泪花坚持到最后一刻；但是，如果单纯地把意志力和成功画上等号，无疑是错误的。一个人的成功是因为他做出厉害的作品、科研，要完成这些，需要的是专业技能。你需要的不是一腔热血“我必须坚持”，而是要问自己“到底应该怎么坚持”“我如何调整我的策略”，支撑你完成这些思考的是天赋和学习。如果你拥有天赋，自然就会学得比别人更多更快，也会在这个领域里拥有更敏锐的洞察，这些东西，才是让你做出厉害事情的本质。举个简单的例子，难道你觉得我只要心怀梦想和意志力，就能成为厉害的烘焙师吗？当然不是了！我只会成为一个富有毅力的黑暗料理大师！

那些给你人生建议的长者和朋友，绝大多数都是心怀善意的。遗憾的是，即使是最为真诚热心的建议，也未必真的适合你。人们经常说“选择比努力更重要”，却很少想到到底应该如何做选择。一个好的选择应该是建立在了解之上的：你了解自己的天赋所在，并且了解自己可以拥有哪些选择。了解自我最好的方法是，在不断审视自我的同时，也不断去实践。当你发现某件事情，你随随便便一做就成绩挺不错，或者很快就比别人更出色，那么，它就是你的天赋所在。

在弱项与天赋的面前，真正应该投入和珍惜的是后者。前者无论你怎么做，也不可能做得更好，它会让你感到痛苦、沮丧，觉得付出太多依然没有收获。后者只要你稍微拼一拼，就能摘到甜美的果实。对于无法擅长的事情，那就无法擅长好了；实在做不好的事情，就没有必要勉强自己硬做。你所擅长的东西，也是遗传基因赠送给你的最宝贵的礼物，它是引领你通向幸福道路的关键，珍惜它、呵护它、发展它。某一天，你会发现自己在不知不觉的奋斗中，终于抵达了梦想的彼岸。

一个人坚持做一件不适合的事情，不得不说，这绝对是有毅力的表现，也是具有动人的戏剧色彩的；但对于个体而言，这绝对是一场悲剧。

chapter ◆ 26

≈

既然选错，那就必须重来

1-1

以前在工作场合认识一个男人，姑且就称呼他为L君吧。

我之所以能认识L君，是因为他是我所实习的公司的供应商。他自己有一家小小的公司，专门接大广告公司执行方面的业务。我认识L君的时候，他已经三十二岁，不算有钱，但也算是衣食无忧。他长得不好看，剃着硬邦邦的板寸头，皮肤黝黑，平时穿着打扮也不讲究，看起来很可靠的样子。

L君有一个妻子。根据传闻，他们两个人是家长介绍，相亲认识的。那时候，L君刚刚从小镇来到北京打拼，一贫如洗，每天以泡面度日，对于情感和婚姻也没什么认识，所以，当父母说让结婚的时候，他也就稀里糊涂地结婚了。但凡见过他妻子的人都说，他娶了一个很老实本分的女人。

结婚两年后，太太给他生了一个儿子。

在三十三岁生日那天，L 君向太太提出了离婚。这个消息很快就传开了，大家对此都特别吃惊。三十三岁的 L 君和十年前已经不一样了，他有房、有车、有老婆、有孩子。这些世俗的配备都指向一个核心，他应该老老实实地过日子，不应该再折腾什么离婚之类的事情。个别比较讲究传统观念的朋友，则是第一时间跳出来指责 L 君："你的妻子陪伴着你度过最贫寒的岁月，你怎么能现在有钱了就抛弃她呢？"大家都觉得很奇怪，L 君既没有小三，也没有情人，怎么好端端地提出离婚了呢？这十年的婚姻一直都相安无事，怎么现在说离婚就离婚了呢？是不是背后有什么特殊的不可言说的隐情呢？

在朋友和家人的谴责之下，L 君还是出来解释了自己的动机，那个动机可以概括成一句简单的话——我结婚太早，选错了，我想重来。他说自己没有外遇，没有喜欢的女生，更没有搞过什么花花肠子，必须离婚仅仅是因为感觉到这段虚无麻木的婚姻正在逐步摧毁人生的意义；他说自己尝试过修正这段关系，可是，有些事情没有缘分真的是没有办法的。

"那你早干吗去了？你早年结婚的时候怎么不这么想呢？作为男人，你到底有没有责任心？"曾经有人这样在聚会里痛斥他。

"我犯了错，我现在要纠正错误。纠正错误就是我对这件事情负责的方式。"他平静地说道。

当然啦，L 君的平静并没有给他带来什么正面的评价。

大家还是觉得一个男人莫名其妙地离婚，真的是一件很不负责任的事情，为什么不能忍耐呢，多少人忍耐了一辈子啊？为什么不考虑一下孩子和妻子？为什么那么自私？不过反过来想，虽然离婚对于L君的太太其实会是一个很大的挫折，但是，比起那些对婚姻不满所以跑出去乱找小三的男人，他已经算得上是个“好人”了吧。

L君的这件事情总让我想起一位长辈对我说的话，“承认自己的错误，实际上比坚持错误更需要勇气。”后者只需要一腔惯性和猛劲就好了，前者则需要推翻自己的勇气。推翻自己是艰难的，它意味着承认自己的蠢和失策，承认错误不仅仅是说“我错了”，而是对自己的行为进行仔细的复盘，反复检视自己所犯下的每个逻辑错误；这是与自我灵魂的诚实对话，也是一场自我吊打的行径。

我觉得，真正不负责任的态度不是后悔和舍弃原先的选择，而是不愿意承认错误的本身，拼命地掩盖自己的错误。不知道多少人在“早已经结束”的情感里纠缠，然后四处勾搭设法填补心灵的空虚感。可是这样不修正的态度，却往往获得别人的赞赏，诸如什么“负责任”“不离不弃”“愿意为孩子牺牲”之类的啦。以前看过一篇文章讲，如果家长能够成熟地处理好离婚这件事情，对于孩子的伤害并没有预想的那么大。真正伤害孩子的事情是家庭中的冷漠，夫妻之间早已经无话可说，每日除了吵架就是斗气，这才会真正让孩子感到没有安全感，甚至影响他的人生观、爱情观。

不过，孩子真的是很好的借口，也是拒绝修正错误的最好借口。大人们既厌恶当下，又没有勇气面对未来，干脆就直接拿孩子做挡箭牌——我不离婚都是为了我那个可怜可爱的孩子啊！哪怕他们是真的这么想的，也不能改变给孩子心灵带来的阴霾和抑郁。他们没有过去，缺乏当下，更加没有未来；他们是典型的投机主义，抱着侥幸心理生活着，盼望着某一天所有的困难都消失了，日子就变得美好起来了。

掩盖问题能让我们得到短期的舒适，却要以长期的痛苦作为代价。把脑子埋在沙子里只能暖洋洋地待一会儿，后面的大狮子还是会看见你，然后一口把你吃掉。第一次掩盖问题是很简单的，越到后面就会变得越难；随着事件的积累，解决这个问题的成本也被迅速加剧着。直到有一天，命运将你推到无法躲避的境地，你终究要回答一个问题：是要继续糟糕地活下去，还是要伤筋动骨、下定狠心抽离？

人都是有侥幸心理的。所谓的侥幸心理就是小时候惊觉还有作业没有写，然后因为贪睡而不写，你就在心中默念着“老师肯定不会抽查到我”，结果第二天，你就被抽查到了。侥幸心理还体现在工作上，你做数据的时候发现有一组有问题，干脆就假装没有看到，然后老板发现后痛骂你一顿……感情里侥幸的事情也很多，明明感觉到对方不对劲，却对自己说没关系，直到捅出幺蛾子才哭哭啼啼地喊救命。那些感情本来就不怎么样的情侣为什么敢结婚？也是抱着强烈的侥幸心理，认为一辈子就是这样啦，熬一熬不就过去了吗？结果结婚以后发现这种生活痛不欲生，有人选择在其他地方寻找满足，有人会在寂静中日益压抑。如果你经常抱着怀疑的态度思考“到底错没错”“好不开心，我是不是选错了”，那么，你需要的不是改善心态，而是去看明白到底做错了什么。看清自己的道路和处境，不是一件容易的事情。

对于人生来说，选错不是最致命的事情，因为每个人每天都在做各种错误的选择。致命的是，从来不去纠正任何的错误，任由错误反复叠加，或者干脆不承认自己选错了。抱着这样的态度生活下去，最终的结果就是深陷淤泥中，想抽身的时候却发现根本没有办法了。

犯错没关系，选错人结婚也没关系，最怕的是一错再错，直到再也找不到归家的路。

chapter ◆ 27

重要的不是你不想做什么，而是你想做什么

1-3

迷茫真的是一件让人难过的事情。

每日朝九晚五的上班族，在办公室政治、加班哄客户、日夜写 PPT 的生活中，难免也会产生几丝倦怠，在心中开始萌生起“这种日子什么时候是尽头呢”“真不想这样过一辈子啊，可是未来到底应该怎么办呢”之类的想法。多年生活在父母高压控制下，到了新环境像个撒野的小兔子的大学党，在一段疯狂的放松下，也常常会产生一种“不知前路在何方”的感觉……这种迷茫的滋味我也体会过，它是一种巨大的虚无感，把你逼到墙角让你无力反抗。它让你吃饭吃不好，睡觉睡不好，玩耍也觉得没劲头。

迷茫感对我们的影响不只是带来心灵层面的困惑，它对于我们的物质生活、工作学习都会有很大的摧残。带着

这种心情去工作，虽然每天仍然花费八小时坐在岗位前，但是，你的效率、积极性都会特别低迷，成品也让人难以保证。朋友或同事叫你去吃饭，你会觉得很没有意思，总是想方设法地推掉，回家睡觉看视频是你唯一想做的事情。至于恋爱社交什么的，你更加觉得没有意思了。内心的虚无感已经战胜了所有的乐趣，弥漫在心中的最多的念头是“这些事情都好烦，我都不想去做啊”。这种生活持续一两天，甚至一两个月都没有什么大问题；如果持续多年，等着吧，你肯定无论从外表还是内在，都将会散发着一股颓废萎靡的气质。

2 - 3

造成我们迷茫的原因其实有很多。有可能是因为看得太少，所以稍微面临一些独立的选择，你就会立刻没了主意，完全不知如何是好；有可能是由于长时间的娱乐生活，让心智失去严肃思考的能力与热情；有可能是对生活太过于玩世不恭，从未体验过为一件事情奋斗的人，也是最容易迷茫的一群人；还有可能是，你长时间陷入重复的生活中，对于生活彻底失去敏锐的感知力……无论是哪种原因造成的颓废状态，所有迷茫者都有一种共同的特点，即是对当下生活的不满，对于现在进行的事情完全不感兴趣。

其实，厌世情绪严重是没关系的。不感兴趣就不感兴趣好了，不想做的事情就不要做，不想奋斗的道路就不要去奋斗。哪怕你对每一个提议都说“我不要”“我不想”，这也是没有关系的。知道自己不要什么，还是比那种“什么都行”的状态要好很多。不过，这个阶段也不能一直持续下去，终究有一日，你要回答一个问题——我到底想要什么？这个问题也是战胜迷茫的关键。在你放弃那么多的事情，拒绝那么多提议的时候，你必须认真地思考“我要什么”。

可是，很多人仍然不能回答这个问题。或者说，他们从来没有考虑过这个问题，他们把所有的精力都花费在拒绝上，而忘记审视自身，问问自己下一步应该怎么走，自己又应该坚守什么样的信念。

3-3

想要找到自己想要的东西，首先要放弃狭隘的观念。

狭隘经常源自于想象力的缺乏，而想象力的缺乏源自“没什么区别”，不相信在世界外层有多元的价值观，而是统一性地认为事物和事物之间都是一致、毫无区别的。

这种人看到红萝卜和白萝卜的时候会说“有什么区别呢”，看到玉米和白萝卜的时候，说的仍然是“有什么区别呢，不都是种在地里的吗”。我们应该经常警惕这种观念，它简单粗暴地把所有事情混为一谈，拒绝敏锐地感知不同事物之间内在逻辑的区别。这种观念导致的结果是，让你开始认为“反正世界都没什么不同，干脆不要做新的选择”，最终，其他人都不断地在尝试中找到属于自己的人生跑道，然而，你仍然在夹缝里痛苦地生活着。要知道，你分不出对错不代表没有对错，你看不出区别不代表没有区别。

一个知道自己“想要什么东西”的人，肯定是见过一些东西的人。

如果你从来没有见过汽车，真的很难会说“我想要辆汽车”，尽管它非常适合你；你从来没有吃过炸甜甜圈或冰激凌，所以，你肚子饿的时候自然也不会想到要吃这种东西。对于每个人来说，这就是一个难以逾越的困境，我们究竟能看到什么东西和到底能看多远，又深受出身、教育背景、社交圈等环境因素的限制。看世界不只是出门旅行，而是尽自己最大的能力去感受好的环境，去结识那些追求知识的前辈共同学习和工作。

当你抱着敏锐的心去学习、去感受生活和社会，你自然会明白，人生其实有很多的可能性。你不一定要坐在办公室里写 PPT，你可以读书、跳槽、创业、投身公益事业；作为学生，除了追求新知、看看美剧，你还可以学小语种、实习、研究自己喜欢的客厅，寻找有意思的社团。我们得走出自己的舒适地带，去看看、去听听、去试试，直到找到下一步的路径。

路径又分成两个点，第一个是遥远的，诸如“我要成功”“我要变成大牛”“我要嫁给法鲨”之类的；另外一个，则是短期的目标。在大方向的基础下，我们必须清晰地知道下一步怎么走？下一步可能会遇到什么困难？当现在不是你想要的当下，现在的生活不是你想要的生活，你就必须找出自己想要的生活是什么。这不是你想要的当下，也不是你想要的生活，那么，你必须开始谨慎地思考，强忍着茫然上路探索，用自己的双腿走出一条属于自己的道路，并且，你要在未来的日子里坚持走、坚持实践、坚持修改。

不要把迷茫当成不好的事情，或者干脆把它当作软弱的标志。它出现于人生的各个阶段，提醒我们的心灵正变得日益麻木，逐步深陷生活的深渊里。迷茫带来的刺痛，提醒着被我们遗忘的梦想，也提醒着我们对于现状并不满意……对比起对于生活一片麻木和再无期待，能够迷茫已经算得上是一件好事情。最怕的不是痛苦，而是再也感觉不到痛。

每日我们都站在各种选择的十字路口。曾经有人说，每日最艰难的选择是“吃什么”，绝大多数的人都能回答出自己不想吃什么，却需要花费很长的时间来思考自己想要吃什么。

生活又何尝不是如此，光说“我不要”是不够的；在夜深人静的时刻，不妨多留些反思的时光，找到自己想走什么样的路，得到什么样的东西。

chapter ◆ 28

我的生活不需要你来指导

1 - 3

在国内，只要你一说自己的职业是“家庭主妇”，虽然人们会出于礼貌说几句你的命真好之类的话，但是扭过头就会觉得你好吃懒做，贪图享乐。碰上那些好为人师的女人，她们则会拉着你苦口婆心地教育一番，诸如你老公不要你了怎么办？难道你不怕和社会脱节？你这么年轻怎么可以不工作呢？在现代社会中，女生要是站出来说自己的人生志向是家庭主妇，就会立刻被认为“你不够酷”“不坚强不独立”。

我妈妈就是一个家庭主妇。自从我出生以后，她就从来没有出去工作过。小时候为了照顾我，家里还雇了一个阿姨帮忙。除了每个月都会生病，我其实还算是比较老实的小孩子。所以，家庭的事情也不算特别多。

妈妈对于这种生活乐在其中，平日有许多时间读书、钻研烹饪、花艺之类的；而我也在这样的生活中受益良多，对于一个孩子来说，幼年时代安稳的环境，以及被家人可以训练的良好学习习惯，将会是这一生中最为宝贵的财富。在那个时候，很多亲戚都觉得妈妈不出去工作不好，但是她就是理直气壮地坚持着自己的选择，因为，她非常喜欢家庭主妇这个事业，并且把它做得特别地好。在其他上班族十年如一日地做着一个工作的时候，她在家庭主妇这条道路上算得上是登峰造极——她把家里打理得井井有条，并且让每个人都觉得快乐愉悦。若是说个人见识，我觉得她一点儿都不比别人差。她的空闲时间很多，所以有机会学习烘焙、花艺，更有时间运动和读书。

小野是我学姐，在德国研究生毕业后，进入知名的乐团工作；后来，她在德国结婚嫁人后，就在家当起家庭主妇。她的亲戚朋友都觉得很吃惊，不过，她倒不以为然，她除了平时教小孩子弹琴，或者去教会的合唱团当伴奏，大部分时间都待在家里料理家务、做甜点、在小花园里种花……对于一个处于艺术家黄金年龄的阶段，她回归家庭的选择多少让大家费解。她对此的解释很简单："我觉得，不一定所有人都要去拼事业。对我来说，最重要的是家庭和自由的时间，我只是不想参与到太复杂的社会和人际关系中。这是我的选择，仅此而已。"

2 - 3

我曾经觉得“妈妈是家庭主妇”这件事情不够炫酷。妈妈对自己所做的事情却觉得很自豪，“当家庭主妇其实很有技术含量的，等你长大以后就知道啦”！

这些年，我长大了，离开家以后也必须得学着自己料理生活，渐渐也就懂得家庭主妇这个职业的不易之处。家庭主妇这个职业最大的问题在于，你要自己为自己制定KPI，自己监督自己去工作。你要抵抗住美剧的诱惑，定时去超市买新鲜的蔬菜和水果；你要具有收纳能力，把家布置成可爱温馨的模样；你不能有拖延症，不然全家都得生活在糟糕的环境中。在家庭主妇的生活里，她并不是在单纯地花钱，而是要为家人创造出健康舒心的生活。她所需要的协调和执行能力，远远超过大部分人所预估的那样。家庭主妇的生活不是每天逛街喝茶，更不是为了省几毛钱的菜叶子跑遍所有超市，真实来说，它是一份时间自由，又需要高度自律的工作。

我不知道其他人家的妈妈是怎样的。但是我的妈妈，她从来不觉得当家庭主妇很辛苦，反而，她真的很快乐。平时总是研究家里应该买什么花，做什么好吃的点心，或者是，怎么做出漂亮的手工布置节日。在我念初中的时候，很多人都劝妈妈出去开个小店，弄份自己的事业。她对那些事情完全不感兴趣，就如同她经常说的那样，“最喜欢的事情就是待在家里研究美食”。妈妈就是一个这样的人，她从来不和别人比较，也不管别人怎么评论，就抱着满满的信心坚持自己的生活。在那一刻，我突然之间理解到，投身于家庭和投身于科学是同样平等的。它就是一种发自内心的热爱，也是女性为自己的兴趣和爱好做出的选择。

3-3

可是，外面的人就是很难尊重女生做这样的选择。哪怕那个女生是经过深思熟虑后投入到家庭生活中，或者说，除了当家庭主妇以外，她还投身NGO和拥有自己的小事业，大家仍然会跳出来给她各种忠告。在大家的想法里，上班即等于成长，待在家里就是和社会脱节。

但是，我却不这样想。在社会中，并不是每个工作都对个体来说是有意义的。流水线的工人对于厂家和消费者而言是有意义的；但是从个体的角度上说，每天站在同一个地方，连续十余个小时重复着同一个工作，对于他的人生来说到底有什么意义？拿着低廉的工资，吃着盒饭，毫无保障如同机器人一般的高强度工作，真的会给个体带来快乐，带来智慧上的成长吗？答案显然是否定的。

办公室的工作也未必比流水线好到哪里去。二十多岁的年轻人进入广告公司当小 AE，一面帮客户刷数据，一面把垃圾创意写成漂亮的 PPT，在人生最黄金的年华里，留下的就是一串一串的造假和泡沫。保险公司里的电话销售，每天给客户不厌其烦地打电话介绍产品，他可能会帮到某些人，但也骚扰了更多的人。

我见过很棒的上班族，他们精明能干，薪酬颇高，正在飞速地通往成功的道路上；但是也有很多上班族，繁忙的工作让他们彻底失去和社会的联系，每天就是加班、加班、加班，累得不行倒头就睡，对于外面正在发生的事情却一无所知。每天的信息来源仅局限于社交媒体，腾不出任何时间去思考超越世俗生活的东西。

与此同时，我也见过很多女生成为家庭主妇后，有的成为烘焙小能手，在淘宝上卖甜品卖到月入上万，有的是考完口译证书，有的是把德语和西班牙语都学会了……要完成这些事情，依靠的是孜孜不倦的学习力与智商；她们把自己从无谓的工作中解脱出来后，并没有成为日日煲剧的黄脸婆，而是利用自由的时间做完以前不能做的事情。这些事情，对于家庭有着莫大的帮助，对于自身的好处多得数不过来——不仅拥有收入，还拥有随时重返职场的技能。

是否会与社会脱节，并不取决于你是家庭主妇还是要出去上班，它取决于你是否关心精神层面的东西，也取决于你是否有时间和条件学习新的东西。阻碍你成长的是每日不断地重复重复，以及过于艰苦的生存条件导致你无法思考生存以外的东西，而不是待在家里就注定会变笨。

现在，仍然有很多人视女性做家庭主妇是一种退步的行为，原因是它是一个被严重误解的职业，人们觉得做家庭主妇的女生不酷，不独立、不体面。我却不这么想，女权的意义就是让女性可以选其所选，爱其所爱。女生可以选择攻读博士学位，也可以选择在家料理家务，女生也可以决定是当个事业型的女性，还是要背上书包浪荡全世界……只要是出于自己的意愿而非被强迫的，每个人都可以做自己喜欢的事情，也不应该被别人指点自己的生活。

如果你的职业是家庭主妇，又总有乱七八糟的人跑出来教育你，你不需要为自己辩解，或者为自己的选择感到羞愧，而是应该挺起腰板扬起头对他们说一句，“我的生活不需要你来指导”！

chapter ◆ 29

请不要打断任何人的脊梁

1－1

小学的时候，老师让大家写作文。作文的主题是《写一件你最讨厌的事情》，我忘记自己写什么了，倒是记得同桌写的是家庭生活。她写自己的母亲很喜爱当众揭短，每逢家中亲戚来了，她就开始抱怨孩子和老公是多么地没用，给自己的人生带来多大的困扰。

“我家那位啊，就是什么本事都没有啊。”

“我的孩子就是不行，真是愁人啊……”

“给她花了那么多的钱，什么都学不出来，简直是笨死了。”

“可不是吗？我家孩子要有你家孩子一半聪明，我就省心了。”

……

我的同桌用稚嫩而绘声绘色的笔法描述着自己所厌恶的家庭环境，大概的意思就是，她最讨厌的事情就是和母亲共同出现在任何场合。因为，她的母亲具备一种独特的能力，能够轻松地杀死家庭中的每一丝快乐的氛围。不过，这篇情感真挚的文章非但没有为她赢来好评，反而被老师告状到家长那里，被爹妈狠狠地胖揍一顿。

自从小学毕业后，再次碰到同桌已经是多年后的同学聚会上。她变得更漂亮了，男朋友也很不错，是她在师范学院里念书认识的。男生长得白白净净，眉清目秀，整体看来也算是挺不错的男生。席间大家吃饱喝足，就恭维起他们两人是郎才女貌，十分般配。她非但没有笑纳，反而开始数落起男朋友的毛病，念叨着“长得帅有什么用啊，男人最重要的是能力啊”，烦恼地说起男朋友四级考不过，家里没有关系，喜欢打网络游戏等。这个男生为人很老实，坐在旁边脸憋得通红，偶尔喃喃地为自己辩解。

看着那个女生喋喋不休的模样，再加上男生的窘迫，倒是让我记起亲戚聚会的情景。过年时，全家老少都能听到堂嫂在年夜饭上大肆数落堂哥。堂哥性格腼腆，也就任由太太批评，一面赔着笑脸，一面给大家夹菜。堂嫂的朋友觉得她很厉害，简直是女人中的榜样，如此驭夫有术，生活得有多幸福啊。她对此也颇为得意，经常向未出嫁的小姑娘传授秘笈，专教她们如何挫败男人的自信心，进行威逼利诱，好成为家中霸主。

直到前年春天，堂哥再也受不了了，拍案而起，提出离婚的诉求。堂嫂很错愕，自然是坚决不同意。有亲戚跑去劝说堂哥忍一忍算了，不就是老婆脾气凶悍点吗，但人还是好人啊。堂哥说什么也不同意，说着什么“真他娘的受够这日子了”，干脆住在工厂里再也不回来了。两人拉拉扯扯半年，最终还是离婚了。

堂哥和堂嫂的事情虽然已经是过去式，但也仍然如同闹剧般成为亲戚们茶余饭后的消遣话题。有人觉得堂哥太玻璃心，身在福中不知福；有人认为两个人之间没有什么对错之分，纯粹是命运弄人；有人说堂嫂脾气是不行，不过人倒是挺不错的。我则觉得，这件事情最糟糕的地方在于当众斥责另一半真的是很糟糕的事情。她们自然是在口头上说“为你好”“想帮你改进问题”，实际上，她们最想要的是百分之百的家庭控制权。我隐约理解那种扭曲的快感，在公共场合里让孩子背诗、暴露老公的隐私，她们实际上向大众炫耀自身的权利与强悍——我能操控一切，我比你们都更为高明。与此同时，她们不断地向伴侣传递一种暗示“你那么挫，我那么好，咱俩能在一起，你还不赶紧感恩戴德”，从而达到对对方更深层次的控制。

毫无疑问的是，这些手段是有效的。

控制一个人的第一步，首先是要打断对方的脊梁，让他开始怀疑人生和自我。当他一旦开始质疑自身，也就意味着软弱的开始，这时，你可以将自己的价值观灌输给对方，譬如说，赚钱少根本不是男人，家里就应该女人说了算，你再不奋斗我就要抛弃你，你那么没用能和我在一起就不错啦。在软弱和连续的洗脑下，渐渐地，他就会变得更软弱，更不敢反抗，也就妥妥地成为你手中随意揉捏的小面团了。当一个人被自己所珍视的人，诸如恋人、父母、好友贬低的时候，他会变得很沉默和不反抗；乍看之下是温顺，本质上是他正在逐步失去对生活的信心。你明明可以获得一个爱你且有趣的恋人，两人之间可以谈天说地，平等交流，相亲相爱，最终换来的只是一具行尸走肉。而且，是随时可能反咬你一口的行尸走肉。

当我们把“听话”“服从”“随叫随到”当成爱的准则，把“乖巧”当成一个孩子最高的评判标准的时候，实际上是在做着一件很残酷的事情。隐含在这些准则下的诉求是——你不能拥有独立意志，你必须服从于我的喜好。人与人之间的情感贵在自由平等，无论是亲情还是爱情，真正连接我们的不是契约和责任，而是当我们在一起的时候，彼此有共同的爱好，也是快乐的。

想要去控制身边的每一件事物以此来获得安全感，这种行为大约是人的天性。不过，人不能总用“天性”来为自己的恶劣行径进行辩解，而应当对天性适当地控制。人要培养起尊重他人的意识，接受自己无法代替对方，哪怕对方是小孩子也要尊重他的观点。当对方做得不好的时候，你可以告诉对方，也可以提出自己的意见。绝对不应该做的是当众批评，给对方施加压力，或者居高临下地指责对方“你不行”。你不计较自己有没有伤害到对方的自尊心，那么也就不要计较别人在醒悟那天对你满腔仇恨。今日你为了自身的欲望和控制压断恋人的脊梁，迟早有一日，生活会让你见识到这么做的恶果。

chapter ◆ 30

≈

意淫也是一种动力

1-3

当暖男这个词出现在公众的视野中，在经历几天“暖男真好”“好想要一个这样的男朋友”的舆论后，立刻又迎来各大情感专家的批判，认为女人简直是白日做梦，看看你那身材，看看你那收入，还想要暖男，简直是白日做梦啊！他们摆出一副高人一等的姿态，嘲笑着所有心中怀有粉红小泡沫的女生，用刻薄的言辞戳破她们心中的幻想。他们认为自己犀利冷静有智慧，吐出一句句毒辣的话语，俨然早已经掌握了宇宙真理。

这种舆论状态在我们所处的环境中不断上演，女生们只要对流行文化中的好男人产生任何幻想，立刻会被贴上屌丝、花痴、不切实际的标签。在这些人看来，心中对自己有些距离的事物心存向往，简直就是一种罪恶；正确的做法是，她们应该承认幻想是愚蠢的，然后三点一线地生活，结婚生子，心中再无任何波澜。有时候，我会觉得这一类批评者的人生其实蛮可悲的。他们的世界观如此这般，只知道沉浸于世俗世界，对于心灵部分毫无敬畏。

说起这个话题，我总会想起自己还是小孩子的时候。那时候，长辈送了我一盒子的童话故事书，大部分的内容都是王子和公主，什么睡美人被王子所吻醒，深陷困境的公主被身披盔甲的王子所拯救，也有被诅咒的王子遇到真爱，终于从怪兽的模样变成人形。这些故事可能现在看来有些单调无趣，无一例外是强调爱的力量，无论现状多么糟糕，有一天总会好起来的。

我热爱这些故事，即使到今日，我甚至还能记住许多细节。可能有一个事情比较害羞，在非常非常长的一段时间里，我是相信王子存在的，那个不存在的王子在我的心灵深处生根、成长，变成灵魂中不可或缺的支柱。

在我逐渐成长的过程中，我遇到很多比较难的事情。比如说考学、语言学不会、事业发展的困境、失恋等。有好多次，我心中也萌生过一种——放弃吧，为什么不能接受现实呢？为什么要痴心妄想得到那些东西？为什么要去挑战呢，何况付出也不见得有收获。

但是，每逢到这种时刻，我就会想起心中的那个王子，那个英俊而可爱的男人，可能正在某个地方等着我，他可能正在四处寻找着我却迟迟没有等来我的身影。我会在心中默默幻想，如果我成功跨越这个难关，同学们会多么羡慕我，别人是多么认可我，还有，王子是如何赞赏我，然后我们就互相欣赏、陷入热恋，过上美好的生活。

这种想法看起来好像真的很神经病，我也曾经为此困惑，还买了一本《生活与心理学》检查自己有没有毛病。但是，它虽然无法改变现状的无奈，但是这个虚拟的人物让我拥有继续往前走的勇气。每次想要放弃的时候，我就安慰自己再走一步吧，王子说不定就在前方了；就这样，我走了一步又一步，回头望去，已经是一段长长的征途。

这些看似无聊的幻想，如同宗教般，让我相信自己是有才华的，也让我相信自己肯定能走过一个又一个的痛苦。王子虽然不存在，我只能住在公寓而非城堡里，但是，即使如此，没有它们我绝对不可能走到这一步。

在旁人看来，我心中所想的不过是无谓的意淫；可是，对我而言，它们是人生道路上的照明灯，让我不再畏惧严寒与挫败。

2-3

大概是如此，我从来不觉得意淫完美，或者童话般的生活有任何问题。先不谈它们与现实生活根本不冲突，心中有一个美好的信念总是比没有好。

我曾经收到过一个女生的豆邮，她说有一段时间人生特别灰暗，生活窘迫，男朋友脾气很不好，家人和朋友都指责她是个傻瓜。她不愿意分手，不知道分开后会更好还是会更坏，甚至考虑自己是不是只配得上这样的男人。

后来，她无意中下了一部日剧《交响情人梦》，看了没有几集就立刻被玉木宏所饰演的千秋王子所吸引。她想要一个这样的男朋友，这样的别扭有才华，骄傲却又对女主角百般关心。她刷完《交响情人梦》所有的采访、漫画，在灰暗的日子里，她从这部电视剧里得到所有的快乐和满足，突然，她相信，自己也会碰到那么美好的事物。后来，她鼓起勇气和男朋友说分手，去找了一份工作，报名学了日语；两年后，她去日本留学，遇到一个脾气温和的男人，结婚生子，过去那段暗淡的时光，也埋葬在过去的记忆中。

我觉得，认为世界上有百分百的完美男人，或者认为自己前方有完美的生活等待着自己，无论以上哪一种，一点儿都不可耻。有人会在此处提出反驳意见，认为陷入对未来、异性的幻想，会耽误在世俗生活中的奋斗。

可是，人为什么想要去奋斗呢？是对现状认命的人更愿意奋斗，抑或是对未来心存憧憬的人会更加努力？我想，必然是后者啊。人之所以会拼命往前跑，还是因为相信前面有好东西在等着自己；所谓的“熄灭幻想、脚踏实地”实际上是一种较为低级的生存状态，认定一切都是虚无的，只要有饭吃，还活着就好了。他们自己关闭所有的可能性，得意扬扬地教导别人要理性——问题是——这不是理性，而是一颗原始又无知的大脑而已。

3 - 3

抛开现实生活不谈，让我们回顾历史上无数次璀璨文明与艺术的诞生，都是源自于人类对于未来的渴望。他们先是拥有荒诞的构思，然后通过实践与尝试，把一切变成真实的事物呈现在大众面前。如果没有那些被人嘲笑的幻想，则根本不可能有后面的事情了。我念书的时候，曾经有一位教授告诉我“心想事成”，他的解释是，人对某件不可能的事情具有强烈的欲望，才有可能有动力去做，然后最终实现它。

问题从来不出在幻想与憧憬上，而在于，你是否行动了。意淫都教授不是问题，问题是你是否下定决心变成××一样的女人，去瘦身减肥学穿衣服？意淫遇到高富帅也没有问题，问题是你是否意识到这种男人经常出现在常青藤之类的最高学府里，拼命地学 SAT 考 GRE？

尊重他人的愿望，甚至是不切实际的愿望，然后鼓励对方去实践它，而非摧毁它。否则，这种做法和初中更年期班主任斥责学生不许有爱好，又有什么区别呢？它们都是一种很残酷的恶。

所以说，如果有人嘲笑你愚蠢、不切实际，那又如何，至少你有欲望，他们连欲望都不敢拥有。珍藏好心中的幻想，大胆往前走吧，我想，你会喜欢这段旅途的。

chapter

31

※

你为什么总找不到恋爱对象

作者的话：首先我要说一个事情，单身、不谈恋爱、不结婚都是个人选择，而且都是正确的选择。我并不怂恿大家都要谈恋爱、结婚，多元的价值观让世界变得更美好。此文献给所有找恋爱对象过程中有困惑的男女。

无论在亲戚聚会上，还是坐在办公楼下面的星巴克，你总能听到一串类似的抱怨，比如说：“我觉得自己长得还不错，工作也不错，为人很热情，为什么就是找不到男朋友？”“我收入良好，家境小康，为什么就是找不到妹子？”

事实上，人很容易觉得自己各方面都很好，身边大多数朋友出于社交礼仪，当然不可能告诉你悲痛的事实，只会安慰你“哎呀，都是他们瞎了眼”，问题是，他们真的瞎了狗眼吗？我并不这样认为。

人类或许愚昧，但是天性中的贪婪、趋利避害的本能，让我们一眼就能看出好东西。你一直想恋爱，却又找不到对象，除去命运缘分之类的因素，必然有自身的原因。

※

【原因一：你总是看不上身边的人】

无论是男生还是女生，大概从中学开始，就会常常抱怨同龄人太幼稚；长大以后，又会抱怨社交圈的异性不够好。

这是一个很尴尬的现象。

普通的异性你看不上，觉得对方太 Loser，既没有炫酷的工作经历，赚的也不够多，家庭还过于平庸；你觉得对方不够白富美，不够温柔体贴、贤惠有趣。

当你抬头往上看的时候，发现有一群足够好的人，他们百分之九十九点九满足你的择偶需求，美中不足的是，他们不可能把你当成真正的交往对象，所以就更别提恋爱什么的了。那些女神和男神，不仅继承了良好的基因，同时还花费很多时间才变成相对完美的人；即使他们心怀善意，同情心泛滥，体谅民间的疾苦，也不意味着他就会和你在一起。

如果你正面临高不成，低不就的情况，有两个选择：

❶ 痛下决心，脱胎换骨，就是要找最好的；

❷ 接受现实，开始感受身边人的优点，选择一个和你最来电的。

我不知道有多少人会选择一。请别冲动地下决心“马上就要去报班学习”“我马上下楼跑三十圈”，就连路边卖地瓜的小哥都知道，坚持出摊才能养家糊口。同样，坚持学习拓展视野，瘦身美白保持健康，没有一样是容易的。

如果你做不到，那就选第二条路，这条路未必不好，没准一回头，就有一个羞涩、善良正直的小伙子在那里等着你。

当然，越往上走，就有越广阔的风景。男神有趣，学识渊博；女神风情万种，智慧宽容。

怕累，不愿意往上走也未必是一种错，和现状和平相处也是一种人生选择。当然，也可以选择单身下去。

只是你需要记得，你想要多好的东西，就要付出多大的代价。

※

原因二：你的狂热吓跑了所有人

我的朋友，在一次活动中认识了一个男生。男生长得文质彬彬，但是两人还没有聊几句，男生就立刻开始狂吹捧女生，说许多煽情肉麻的话。我的朋友被吓死了，恨不得当场落荒而逃。

别以为只有男生会做这样的事情，女生也会。

逮住一个男生，一天二十四小时疯狂地骚扰他，只要对方稍微怠慢一句（明明两人又没有特殊关系），女生就开始各种委屈闹别扭，把一切都搞得既尴尬又莫名其妙。

我们在电影中看过热烈追求的英俊的金发少年，日夜不眠，除了写情诗，就是站在楼下唱情歌；在《一吻定情》中，女主角为了推倒男神放下尊严和理性，最终获得 Happy Ending。

但是在现实生活中，一般你会被视为神经病。如果那个人不把你当神经病，那他也令人堪忧……

这就是为什么我们经常看到，许多狂热又轰轰烈烈的爱情，总是以分手告终？因为要死要活，狂热，本身就是一场自我表演，和“爱情”没有太大关系。

异性是可以追的，它是一件很有意思的事情，但是你不能狂热到夸张的程度。至少你先搞明白对方是个什么样的人，再表达自己的好感也不迟。

大部分过于狂热的情感源自于脑补，自我幻想，是过度缺爱的表现。

狂热只会让对方觉得害怕、逃跑，然后，你就找不到对象了。保持理性、保持逻辑、保持正常姿态，会让你看起来更有魅力。

※

原因三：颜不够，心不够

中午去吃饭的时候，朋友说“我们的教育中没有美学教育”“唯一对美的讨论就是扫地的大妈有多高尚，有多美”。更别提我们对于“丑”的推崇到了丧心病狂的程度。

我们认为心灵是高贵的，所以外表不需要美，化妆爱打扮就是肤浅；喜欢买好看的名牌，买美好有品质的东西更是拜金；必须喜欢吃烤串，路边摊，穿三十块钱一件的衣服才是正确的。

“一般心怀这种想法的人，颜不够就算了，心灵也真的没有那么美。”朋友一边喝着咖啡，一边说。

我见过很多才华横溢的人，他们也并非长相丑陋。

那群心灵手巧，具有专业职能的男女，往往都有不错的容颜。尽管没有客观数据的统计，我仍然认为人的长相很能反映你所在的社会层次，精神状态；容貌和心灵程度是呈正相关的。

当你干净好看，在别人看见你的第一眼，对你所产生的好感，就已经是一种优势了。无论你生存状态有多惨，也请尽力把自己弄得好看点。

女生不会喜欢头发看起来快半年没有剪、衣服皱巴巴的、鞋子脏兮兮的、笑起来猥猥琐琐的男生；男生也应该不会喜欢身材一塌糊涂、头发指甲油都掉色的女生。

如果你想让自己日子好过一点，如果你想被大家多喜欢一点，如果你想人生顺利一点，如果你想让自己活得好一点，那么请尽量把自己变好看一点。外貌并不仅仅是天生的，它可以通过运动、看杂志、买衣服、看牙医、花费时间而得到飞跃性提高。

※

[原因四：你真的懒到没救了]

“周末不想出去吃饭，好累，不如在家打游戏。”

“我才不要和朋友打电话，还不如多睡一会儿。”

“认识新朋友好麻烦，我还是看电视剧吧。”

……

科技高速发展的今天，即使你每天都躲在家里，仍然能过得很好。你可以刷微博、看美剧、打游戏，还有琳琅满目无节操重口味的动漫。遗憾的是，科学家尚未提供在家恋爱的解决方法，各位还请务必出门社交，找到真爱。

社交首先要调动身边所有的资源，比如同事的朋友、同学的朋友，等等，你可以通过一个人，结交更多志同道合的朋友；其次，你可以参加一些行业聚会，不仅能拓展出更多事业机会，也会碰到许多志同道合的朋友；再退一步说，豆瓣同城里也有许多有意思的活动。

觉得社交圈小，就要去社交；觉得胖，就要去游泳；觉得哪里不行，就要动起来。天天嚷嚷着，却一件事情都坚持不下来，可真的是一点儿都不萌啊。

漫画书里懒懒的少男少女萌得你我鼻血直流，而在现实生活中，懒人最常见的结局是没有事业，没有社交圈，也没有恋爱对象，积累了一肚子的肥肉待在合租房里刷网页。

※

[原因五：比新闻联播还无趣]

“当你和无趣的人约会，就好像被关到黑屋子，然后拿走你的手机、小说，除了空空的墙壁和黑暗，什么都没有。”

忘记这是从哪里看到的话，对此我深以为然。

无趣的人常见的状态就是价值观有些狭隘，爱说一些没品的笑话，把蠢事当趣事说，陷入琐碎小事出不来……无趣说白了就是，输入太少，所以无法输出。

如果你常常和异性在一起陷入超长的尴尬，或者经常在社交场合别人开启了一个话题，你不是接不上，就是总说不合时宜的话，那么你需要认真考虑一下自己是否输入太少了。

总之，解决这个事情的办法是多读书，多拓展世界观，不可以犯懒。没有捷径，也没有灵丹妙药。

※

如果你问我怎么办

我觉得找对象、谈恋爱是这样子的，选一个喜欢你，你也喜欢的。但是，要让别人喜欢你，不是任性地耍性子，卖弄个性就好了。你需要让自己不那么糟糕，找到合适的定位，然后遇到志同道合的人。

如果你问我总是找不到恋爱对象应该怎么办？

我想，应该就是八个字吧——看清自己，行动起来。

chapter ◆ 32

有原则的人，才配得到爱与尊重

1-3

王花花，妹子，略软，拥有一个男朋友。

交往的过程中，男朋友表现得相当冷漠，比如说，三四天才打一个电话，从来不主动发短信发微信，约会时间也总是来回变动，理由是工作很忙。男朋友说，两人之间为什么总要聊天呢？每次王花花和他沟通，男朋友都会宣称我就是这样的人，改不了，你得适应我。王花花以为这个男人只是个性比较闷骚，决定表示宽容与理解，尽管在内心深处，她根本不愿意谈一段如此疏离的恋爱。

在持续的交往中，他们的感情也没有变得想象中浓郁，男朋友还以创业需要资金周转为由，向王花花借了六千块钱。此前，王花花的人生原则是，绝对不借钱给男人，然而，这一次，她借给对方了，理由则是常见的那句——我爱他，我相信他。

就这样，在王花花的退让之下，他们的恋爱还真维持起来了，从春天到夏天，再从夏天到冬天，算起来，也快有一年时间了。王花花困惑过，这种恋爱能算是正常的恋爱吗？两人之间沟通的频次还比不上闺密呢。不知道怎么了，有一天，她趁着男朋友去洗澡的时候偷窥他的手机，无意中发现这个男人简直是个可怕的家伙，豆邮里面全是勾搭陌生女生的聊天记录，还有，借的六千块钱也不是创业用，而是给一个女生买手机了。对于其他女生，他更是嘘寒问暖，恨不得每天都聊上几百条才痛快。

王花花气得半死，直接找男朋友对峙。男朋友倒是没有什么羞愧之情，只是说，我本来就是这样的人啊，我就是没有办法好好对你啊，可是，你愿意和我在一起啊。

这种话一出口，真是能把人气死啊。想反驳，也觉得无处下口。

2-3

王花花式的隐忍总是被大力歌颂。

我还记得小时候看过一本《知音》杂志，里面的文章差点把我吓哭，大概是说老公频繁赌博出轨家暴，老婆还不离不弃，捡垃圾把两个孩子养到读大学，作者在里面大肆鼓吹这种爱情——爱一个人，就接受他所有的缺点。我真是感谢这篇文章，成功地吓破了我的小心灵，从小发誓绝对不把自己搞到这般田地。

在今天，随随便便打开电视，要么是老婆辛苦操劳，要么是老公放下尊严忍让泼妇般的妻子，然后被旁人夸奖为“好男人”。似乎，你只要坚持着原则，就是还不够爱。若是爱得够，又怎么能不为对方舍弃一切呢？这种为了爱情退让，丧失自己的原则，似乎是爱的最高表现——男人要为了爱下跪流泪，女人要为了爱受尽折磨。

可是，谁会爱一个这样的人呢？谁会去尊重一个原则都没有的人呢？一个能让你不断退让，不断受伤的人，怎么可能感激你的付出呢？又怎么值得你付出呢？

3-3

诚然，在爱情中接受对方的小瑕疵是重要的。请注意，是小瑕疵。许多女生在谈恋爱的时候，总是对男朋友百般“接受”，而这样的理解与接受，恰恰是她们根本不应该做的事情。一个男人长时间不给你打电话，不联系你，到底是怎么想的？说白了，就是不喜欢，我才不相信工作能忙到这种程度，吃饭的时候发条短信打个电话总是可以的吧。

这种时候，如果表现出忍让，是的，可以让你们的感情继续下去，因为对方也不太在乎这个事情，如同放在面前的芝士蛋糕，虽然不好吃，但是来两口也还是不错的。当女生一旦开始接受这种行为，无疑是在宣告一句话——无论你做什么糟糕的事情，我都能够原谅你。

之所以做出如此忍让，无非是因为爱对方，担心分手，或者希望通过这种姿态来打动对方的心。我能理解这种幻觉，但是，它无疑是相当愚蠢的。赢得爱的前提是，对方真的把你当人看，把你当成一个值得尊重的人。无论男人还是女人，只会去尊重与自己平等的朋友，而不是一个卑微乞怜的人。

在爱情中，你必须得有坚定的原则。如果你不能接受一段三四天才联系的恋爱，如果你不能接受对方喜爱聊陌陌，如果你不能接受对方是个抠门小气的人，那么，就应该把问题提出来，让对方知道，这些事情你是绝对不会接受的。如果彼此之前不能达成某种共识，这段恋情继续下去的可能性将会有所降低。当然，我并不是让你把吃饭点菜权，或者电影选座权之类的鸡毛蒜皮小事都放到原则里。原则就是说，绝对不能冲破的东西，也是支持心灵深处最重要的东西。

告诉对方你的原则，好处是很多的。首先，你可以筛选出与你完全不合适的伴；其次，你可以避免很多伤害。因为坏的伴侣总是得寸进尺，总是只想索取而不付出，当你果断拒绝的时候，对方也自然会绕道而行。主动告知别人自己的底线，也可以避免自己积累怨气，忍让得太多，愤怒终究会以另外一种方式宣泄出来。

对于欺负你的人，只有大胆发声，告诉他们“我不接受”，才有机会逃脱欺凌，隐忍只会让坏人变得更坏，因为坏人会把你的沉默视为认同与妥协。对老公出轨睁一只眼闭一只眼的妻子只会迎来更多的背叛；任由女朋友乱发脾气而不说的男生，则会面临更多的语言暴力。对于爱你的人，说出你的原则，对方只会更爱你，也会相处得更加愉快，并不是每个人都知道你在想什么，除非你说出来。

家人、好友乃至恋人应当彼此理解对方的原则，并且帮助对方维持这份原则，而不是说“你必须为我放弃”；这条底线对于人的精神意义是重大的，也让我们从而变成富有尊严的个体。一个什么都可以，什么都无所谓的人，开头的时候可能口碑不错，久而久之就会被忽视、被不尊重、被分配去干所有人都不愿意干的事情。良好的人际关系，一开始交往的时候就要建立起底线。

每个人多多少少都会讨论一个问题——如果我坚持自己、坚持原则的时候，人们不喜欢我怎么办？如果我被排挤了怎么办？对于这种问题，我觉得，那就不喜欢好啦。不喜欢你的人就是不会喜欢你，重点是让喜欢你的人更加喜欢你。

生活，不是要赢得所有人的好评，而是要赢得快乐，赢得尊重与爱。

chapter ◆ 33

让恋爱技巧，滚一边去吧

1 - 5

作为一个常年写情感专栏的人，我常常觉得这份事业岌岌可危。首先，他们认为我缺乏表演欲，无法在读者心中形成富有“力量”的形象；其次，每逢朋友问我恋爱技巧的时候，我总是认真地思考很久，最后也只能吐出一句“没有什么技巧吧，保持开心就好了”。这个导致朋友们总是用痛心疾首的表情看着我，纷纷给我出各种主意，建议我写点“巴甫洛夫恋爱法”“神秘学勾引术”等吓唬人的名词，好抓住大众的眼球。

事实上，除去朋友以外，也有很多女生问恋爱技巧的问题。比如说，如何挽回恋人的心，如何勾搭别人家的老公，如何让一个不爱自己的人爱上自己，如何有效地使用各种恋爱小贴士。总之，你能想到的，基本都有人问过。

曾经有一个姑娘给我写了很长的豆邮，她按照《一吻定情》式的方法，通过坚持不懈的精神泡到心仪的男神。恋爱的时候，对方兴致不高，她就开始读各种恋爱书籍，并且抱着惊人的毅力努力着，从“拴住男人就要拴住他的胃”，再到“给他三十天打电话，然后不搭理他”，最后到“星座占卜法”等，通通尝试了一次。

就这样连续奋斗多年，这个男生对她的态度仍然是淡淡的。提到结婚的时候，男生一点儿都不热情，反而找各种借口推托。与此同时，她又开始学习逼婚秘笈，还把自己的身体都伤害了，两人之间也没能修成正果。按照她的话说“每次失败后，我又去搜索新的恋爱技巧。结果，我很累，他很烦”。

2-5

我觉得，恋爱技巧真是一种相当流行的题材。

想想当年吧，我还是小学生的时候，学校附近的小摊子卖给小少女们看的刊物里，也有大篇幅写着怎么追求男神的，还有一些魔法小贴士。例如说，买一根带着粉红色的羽毛笔，对着北方吹三口气，在心中默念喜爱的男生的名字，坚持十天，对方就会成为你的男朋友。说个黑历史，这种蠢事我也干过不少呢！

我的一位作家朋友，早年尚未成名之时，常年帮各大杂志写星座物语、恋爱贴士；例如什么金牛座在本月要挽回 EX 就要买红色内衣；天蝎座就是傲娇，所以一定要等着对方来电话；什么男人都是贱人，一定要吊着他啊……每次作家朋友提起当年出道经历，总是十分感谢这些杂志。他觉得恋爱秘笈，再融合星座、伪心理学等知识，养活了一代又一代的未成名作家，让他们有稿费，啃得上馒头，吃得上白菜，能好好地创作推理小说、文学作品。

其实，不难发现，喜爱恋爱技巧的女生或男生不是蠢，也不是无知，而是根本不愿意放弃希望。

他们不愿意相信这段爱情根本不对劲，不愿意相信这件事情从一开始就错了，不愿意相信不爱你的人就是不爱你……在迷茫不愿意割舍之时，这些指南就如同强心剂，它对你说——没关系，按照我的方法来，你一定能得到 TA 的心。

3-5

在所有的恋爱秘籍中，最广为人知的是“女人一定要保持神秘感”“女人一定要欲擒故纵”。

L 同学对此发表了一番自己的看法。他毕业于名校，有钱帅气，常年由于私生活混乱而震惊朋友圈，交往过的女朋友比我一年吃过的大闸蟹还多。

他说，每次碰到女生玩神秘，假装爱搭不理，都会觉得很有兴趣，两人总是能撕撕扯扯很久；可是，即使对方一直保持着这种姿态，最后还是会觉得无聊。他也碰上过贤惠可爱、喜爱做日式卡通便当的女生；交往的初期，他也觉得很不错。但是，这种感觉持续不了几天，又觉得没意思，又开始想出去乱搞了。

你说，装神秘、做便当有没有用？当然有，至少能让你们交往两三个月是没有问题的。

但是，持久一点呢？肯定就不行了。L 同学这样的男人，花心和浪荡是写在骨子里的，极有可能是终生都难以改变。我们是很难和天性、和基因抗衡的，驯化他人的成本远比你想的要高；更别说，这条路极有可能是肉包子打狗——有去无回。

4 - 5

除非你根本不在乎伤心、未来，只在乎享受当下的快乐，恋爱技巧就是好的，就是生活情趣的一部分；反正你也没打算长久把薯片当饭吃，偶尔来几口也未尝不可。最怕的地方是，你明明渴望持久的恋爱，却偏偏喜欢使用各种恋爱技巧，最终酿成灾难性的后果——筛选出奇怪的男人。

用一个简单的说法来讲，一个男人需要你费尽手段心机才愿意主动给你打电话，这个就说明，他本来就不想给你打电话。我觉得人要理解一件事情，不喜欢你就是不喜欢你，这是没法改变的。你可以像驯狗一样让他从一周一个电话，增加到一周两次；但是，他不太可能成为那种每天早上发短信，晚上还跟你聊半小时天的男人。

想要一段靠谱的恋情，重要的是确认对方在真心付出。而不是上来就对着对方“调教”一番。我之所以厌恶恋爱技巧，也是讨厌那种“傲慢的态度”。它所倡导的理念是，恋人是调教出来的，这种心情真的太糟糕了，凭什么要去调教一个拥有独立人格的人？凭什么认为自己有资格这样做？这既是莫名其妙的优越，更是对他人的不尊重。

让他做他想做的事情，让他说他想说的话，如果合不来就算了，合得来就继续吧。我不是说恋爱不需要花费心思，而是真正契合你的人，不会让你那么难受、天天Google各种恋爱小贴士。在恋爱中遵循一条规则就好了，让你快乐，让你没有负罪感，让你没有痛心与纠结，就是一段不错的恋情。

5-5

恋人之间重要的是坦诚。你打开内心世界，让他来理解你；你体会他的所思所想，感受他所感受的东西，这是多么美妙的事情。

我觉得根本不需要考虑真实的自己不被喜欢，所以两人打电话不能超过五分钟，回短信必须在十分钟以后……终究有一天，你们必然会坦诚相见，若是他不喜欢真实的你，未来也不会喜欢；若是担心真我不可爱，最重要的不是去掩饰；而是把真我变得更可爱、更迷人。演戏很累，你不可能演一辈子。

当你扔掉恋爱技巧的时候，也要拒绝那些使用恋爱技巧（PUA）的男人；人们总是很想把爱变得很理性，列出很多奇奇怪怪的公式，以此来获取安全感。可是，爱就是莫名其妙的，爱就是在电光石火之间产生的。

所以，有爱就是有爱，没有爱就是没有爱。

与其讨好不爱自己的人，倒不如出去跑跑步，找个彼此相爱的人呢！反正花费的功夫都差不多，就应该花在更容易出好结果的事情上！

chapter ◆ 34

≈

爱情中的仪式感

1-3

我现在住的地方算是一个核心区域。这里聚集了三座大型的购物中心、两家电影院、无数家星巴克，还有一条步行街。平时，这里的人就很多，中午的咖啡店更是人满为患，比早晨的菜市场还要热闹。若是到了节日，人流更加恐怖了，有很多人会从几站地以外的地方赶过来吃饭玩乐。尤其是圣诞节、情人节、七夕节、跨年之类的节日，几乎每家餐厅都能排队排到五十号以上，某家知名的日本料理排位能排到一百多号。情侣们手里都抱着花，脸上洋溢着甜蜜的笑容；上次节日的时候，我还看见有男生在中庭当众示爱，女生感动得眼线都花掉了。

现在看到这样温馨的情景，我的心里更多是觉得“还不错”。不过，如果时光倒退到数年前，我估计会觉得这群人又傻又俗气，只要爱对了人，情人节每天都过啊，干吗非要赶着节日呢？那时候，我会和好朋友坐在甜品店里吃薄荷雪糕，尖锐地嘲讽从窗边路过的抱着鲜花的男子，说他们简直蠢透了；要是被我们碰见那种公共场合示爱的男女，我们两个人则会露出嫌弃的笑容，发誓自己绝对不要找这样的恋人。那种想法一半是源自于青春期的叛逆，为了想要和别人不一样，我们宁可用更粗暴粗糙的方式去看待世界；另一半是因为缺少恋爱经验，所以根本不能理解这些节日对恋人来说有什么特殊的。

2-3

长大以后，我仍然不是很喜欢夸张的示爱方式，或者玫瑰花什么的。不过，我倒是明白了，情侣们热烈地庆祝一个节日并非是没有意义的。

从理论上说，两个年轻人确实可以把生活过得甜甜蜜蜜。诸如早上一同去公园跑步，晚上一同散步吃饭，没事的时候还说两句可人的情话。只不过，现实的生活和理论的生活恰恰相反，更多的情侣是共同生活在一种相当挣扎的状态中。早上两个人都起不来，为谁多占用了洗手间或吹风机而争吵，出门随便吃口包子油条就忙着挤公车去了。

晚餐也没太多甜言蜜语，两人经常得为谁烧饭谁做家务而掐起来。每逢月底快没钱的时候，两人的心情就更加糟糕了，磕磕碰碰就变得更频繁了。

我不愿意简单地把这些摩擦归咎于爱不爱、够不够爱此类的原因。爱是爱的，不过爱不能解决日常生活带来的挫败感。你在公司里被老板骂得灰头土脸，客户迟迟不愿意把尾款给你，回家路上还碰上堵车，一站就站了差不多两个多小时，回到家以后，你绝对不可能心情愉悦、喜笑颜开。你不是不爱他，要真说分手，心中肯定是很难过很痛苦的。你知道，改善你们爱情生活，不再焦虑的唯一方法就是天上掉横财；只要每天少挤一点公车，多吃两口好吃的饭菜，我保证，你每天的幸福度肯定会大幅提升。问题就在于，这不就是没有横财吗？在没有横财的情况下，情侣之间的节日就像是修复剂，抚平恋人之间的疲倦。它是焦虑生活中的温柔慰藉，给予人们放松和喘息的空间。

要度过一个温馨浪漫的节日其实并不难，你不是古代的大王，动则能许诺给情人盖一座奢华的陵墓；你不是有钱人，能随时买两张机票和男朋友出去逍遥快活。但是你能把自己收拾得干干净净，提前订好一家环境较为安静的餐厅，然后给对方送份小礼物。心怀诚意地做好每件小事情，这就是浪漫和爱的表现。

3 - 3

尽管说这些事情做起来不难，但还是蛮多人不愿意为另一半这样做的。他会觉得两个人都认识那么久了，为什么还要做这么花哨的事情呢？既然感情比较稳定，老老实实过日子不好吗，为什么非要去搞这些东西？答案是，这些细微的小事情，会让对方感觉到你们之间的爱意仍然没有在现实的消磨下变得麻木，也会让对方动摇的信念变得坚固起来。两人之间就算交往很久，还是要定期出去约会，做一些亲昵的小事情。只有两个人都想着让另一半开心，这段感情才会越来越良性。支撑彼此的感情进行下去的，不仅是相爱、坚持、信念，更是你们要有足够多的情感积累去抵御不愉快的时刻。天性中的忠诚当然是构成感情基础的重要因素，但更重要的是，两人之间要有快乐的互动和记忆。

你渴望拥有一段互相扶持，高质量的感情，那么，你就要对这段感情投入大量的精力。生活中的狂躁会打磨掉太多的东西，有些男生认为女朋友跟自己分手，是因为对方无法抵抗现实的诱惑。其实并不完全是这样的，她或许对现实不满意，但真正令人绝望的是这段感情充满着敷衍、麻木、冷漠。

抵抗现实的方式不见得要你出去拼命赚钱，说句悲观的话，很多人这辈子都是赚不上大钱的。你不能说反正满足不了物质需求，干脆把精神世界也放弃掉算了。没有人会要求你把星星从天上摘下来，对于绝大多数的人来说，他们对另一半的要求不过是诚意和用心；礼物好不好，食物够不够高级，包包是不是名牌都没有那么重要，重要的是你真的在用心，有珍视对方的情感需求。

你可以说，情人节的时候我不出去吃饭，因为人真的太多了；你也可以说，圣诞节我不要带女朋友出去看圣诞树，因为北方的冬天简直要冻死人了……当然，你可以选择不在节日的时候出去。你不能错过每一个节日，并且认为恋人渴望浪漫和美好的需求是无礼的。你可以永远不庆祝节日，但是你不能一直拒绝为对方制造美好的记忆。保持温柔，保持浪漫，保持为对方做些特别的事情，这些点点滴滴的小事情将会构成爱情里的仪式，而这个仪式又将为你们的感情注入新的能量。

chapter ◆ 35

≈

放过前任，就是放过自己

1－4

家住古北区的王小姐，早晨六点半的时候在我们的微信群里发消息，告诉我们她要去找个靠谱的寺庙，好好烧烧香拜拜佛。我忘记关手机铃声，被吵醒以后干脆就拿起手机和她聊了几句，问她到底发生了什么事情。她打了好多哭脸，说，陈先生又出现了。

陈先生是王小姐的前男友，相貌不错，是一个如同神一般存在的男子。在分手多年后，他仍然孜孜不倦地纠缠着王小姐。现在，王小姐已经嫁作人妇，陈先生仍然对她念念不忘，经常在微博上写情话情歌，并且 @ 所有王小姐的朋友过来看。之所以不 @ 王小姐，是因为她出于害怕，早早就把所有社交媒体的账号都注销了。

王小姐是在研究生时期和陈先生交往的。陈先生当时已经工作，在一家小小的广告公司里当小 AE，工资不高，饥肠辘辘是常有的事情。幸亏王小姐擅长做饭，再加上两个人的爱好也不怎么花钱，就是喜欢看漫画和电影，所以，两人的精神和物质生活也还算过得去。

陈先生其实蛮有上进心的，他在工作一年后选择辞职创业。王小姐不太同意，觉得时机不好，资源也不够多；而且，陈先生还打算借钱创业，怎么看起来都让人觉得风险太大了。那时候，王小姐刚毕业，没钱，但是为了支持男朋友还是把存折里仅有的三千多块钱都贡献出来了。陈先生大受激励，承诺一定要好好干出一番大事业，让王小姐过上衣食无忧的生活。

2-4

王小姐的专业是计算机，再加上本科和研究生的学校都不错，毕业后就进入知名外企成为一名程序员，福利和薪资都颇为不错。陈先生由于缺乏资源，公司不仅没有赚到钱，反而还赔了不少，以至于他不得不经常找王小姐进行经济援助。这样的生活一次两次还可以，时间久了双方都不高兴。王小姐觉得既然不赚钱，那就干脆关掉公司去上班好了；陈先生觉得女朋友不相信自己的能力，非常打击他作为男人的自尊心。就这样，两人快乐的时间越来越少，吵架的频率则变得越来越高。

那段日子两个人经常觉得要过不下去了，但是谁都没有主动提出来。冷暴力持续了一段时间后，两个人都忍受不了，就愤然分手了。分手闹得不是很愉快，王小姐让陈先生还钱；他不愿意还，理由是没有钱。她就说，要么打个借条也行。不知道陈先生是出于还想让两个人有联系，还是怎样就是不想还钱，说什么都不同意。王小姐不想浪费时间，宁可不要钱，也坚决地分手了。

分手后差不多小半年，陈先生倒是想明白了一件事情，就是王小姐确实是一个不错的交往对象。当这个想法萌生的时候，他意识到可能再也交往不到那么好的女朋友了。在痛心疾首之下，他又是约见面，又是写忏悔信，上上下下折腾了一通，把王小姐彻底吓坏了，第二天果断地把所有社交媒体账号都注销了。

3-4

陈先生是真的放不下王小姐。

是的，没错，打电话，死缠烂打，在微博和豆瓣上公开示爱简直要吓死人了，可是，他那种渴望复合的心情是实实在在存在的。在不放过别人的同时，他同样完全没有放过自己。别以为陈先生不痛苦，他也很痛苦。王小姐注销掉所有的账号以后，他也消停了一段时间。他忍耐了一段时间，后来发现还是不行。苦于无论怎样都没有办法联系王小姐，他就继续日日写微博示爱，希望能通过朋友把这份热忱传达给王小姐。

在“无法忘记前任”这件事情上，陈先生确实在极端的道路上走得有点远。不过，世间不是只有一个“陈先生”，而是千千万万个“陈先生”“陈小姐”。他们的心路历程都很类似，普遍是分手后发现自己没办法忘记对方，越没有办法忘记就越觉得要去追求，越追求就越挫败。然而，挫败是极有力量的，它记载着你被羞辱和拒绝的每一个瞬间，让你吃不好饭睡不好觉。

消除这种记忆的方式仅有两种，第一种是完成这项任务，化屈辱为荣耀；第二种是忍着痛苦，带着这份煎熬努力向前走。

4 - 4

分手后仍然对前任心怀期待，这是一个再正常不过的心理状态。有的女生觉得只要自己瘦到一百斤，打点玻尿酸，再找份不错的工作，前男友就会立刻回到身边；男生也会误以为自己被分手是由于不成功，只要自己买上豪车别墅，两人之间就又能继续了。有些分手的情侣非要搞什么“约定三年后在某某地方相见”，结果，其中一方许下承诺后就大步往前走，另外一方却误以为还有机会，痴痴等待数年后依然无果……爱得更深，或者性格中比较固执的人，就经常会在分手后仍然持有激烈的幻想和憧憬。有些男生看到前女友的一条微博状态，就会立刻联想到对方是否在暗示还爱着自己。

作为成年人，你可以不会换灯泡，不会烧饭，但必须得有直面悲剧的勇气。当恋人和你分手的时候，你要学会接受现实。分手就是分手，贵在干净利落。什么分手做朋友，互相帮忙，周末出来吃饭之类的事情就算了吧，除非你的生活真的可悲到除了前任根本就没有朋友。即使心中有万般苦楚，也万万不可缠着对方不放。名誉尊严事小，这么做不仅会让你心情低落，更加会让你错过新的机会。逃离痛苦的办法就是接受痛苦、忍受痛苦、转移痛苦；你可以去公园跑步，写日记写到天亮，去看午夜场的电影，甚至做更疯狂的事情。但是，不要对不可能的事情心怀幻想，也不要走回头路。

不要相信分手时刻对方所说的任何温情话语，诸如什么“我还爱着你”“下辈子有缘再见”之类的鬼话。这种话要么是想养个备胎，要么只是情绪激动之下的胡言乱语。最佳的分手方式莫过于两个人一扫往日恩仇，握手言欢，承诺老死不相来往，放过对方也放过自己。

chapter ◆ 36

≈

要不要原谅犯错的恋人

1-3

上学的时候，我认识的一个学姐在小电台里当晚间情感节目主持人。我和她关系不错，就经常去直播间找她玩。那时候，大家还保留着向杂志专栏作家、电台节目主持人倾诉心情的习惯。虽然那是一个很小很小的电台，但是每天晚上打电话过来咨询情感问题的人真的是超级多。

我记得有天晚上，是一个女听众打来的电话。她的普通话说得不是很好，再加上哭腔很重，听起来真的好费劲。在断断续续的啜泣声中，我们大概清楚了事情的前因后果。这个女生是今年毕业后到广州工作的。在公司里，她认识了一个年龄相仿的男生。他长得挺帅，会打扮，家境小康，性格很好，喜欢社交，富有幽默感；平日，他还有点文艺爱好，业余时间喜爱唱歌弹吉他。她喜欢这个男生，这个男生也说喜欢她，两人接触没有多久就正式交往了。

在交往过程中，她才渐渐发现，这个男生其实有很多问题。他的过往情史太过于复杂，交往过的前女友一只手根本就数不过来。他热衷于暧昧和调情，即使有了女朋友后也不知收敛，平日该哄女生就哄女生，该说好听的话就说好听的话。她对男朋友的行为很不满意，每次两个人都会大吵一架，男生总是承诺自己肯定会改正，她也是一次又一次地原谅他。

可是，原谅并不能纠正他的行为。他总是消停几天，但是很快就又会恢复成原来的样子。在数次循环后，她终于鼓起勇气，思考起再现实不过的几个问题：我到底应不应该原谅他？他到底能不能真正地改正错误？

我忘记了那天晚上，学姐到底是怎么安慰她的。让我记忆深刻的事情是，后来的每隔两三周，她又会往电台里打电话，问的也还是同样的几个问题。她的爱情、她的生活、她的情绪就像是科幻电影里的桥段一样，被封锁在某个空间里，只能一次又一次地循环下去。

2-3

循环式的生活，其实真的蛮吓人的。尤其是循环式的情感生活。

你们交往一段时间，他做错事情，然后你受不了想分手。他跑来哄你说抱歉，你心软原谅他，心想只要两个人真心相爱就没什么不能战胜的，结果，他很快就重蹈覆辙，继续犯错。他就是天生的演说家，总能戳中你心脏最柔软的地方，所以，每次你都会原谅他。这样的生活持续几次以后，他变得越来越肆无忌惮。他开始认为，无论自己有多过分，你最后都会原谅他。你开始日益麻木，质疑爱情、质疑生活、质疑其他的男人是不是都是一样的。你为了安慰自己，开始相信“天下感情都是一样的，睁一只眼闭一只眼算了”之类的鬼话，任由自己陷入这个死循环内，直到迎来肉身和精神的双重毁灭。

说你们之间就是表演欲作祟，他对你就是逢场作戏，这就未免有些不公平。我愿意相信，你们两人都是真诚的，至少在每次道歉的时候，他是真的相信自己不会再犯错，你也是出于浓烈的爱意决心再给对方一次机会。

每次原谅他的时候，你们回归到平常的生活。从表面上看，你们之间的爱情仍然在进行着，但是你的胸腔里仍然隐藏着厚重不可磨灭的怨气，他也在努力地克制着天性，过着毫无快感的生活。他知道，只要再多一点点的推动，他马上就要再次犯错了。你也很难再坚信他，每次原谅他以后，你都开始苦练各种侦查、恋爱技巧、拴住男人的小秘笈，坚定地认为只要自己够努力就能纠正这个男人的错误。无论是多少的努力，也难以战胜天性的力量。在天性的驱动下，他还是会回到原来的错误中。

对方每次都触及你的底线，你也每次都原谅他。别人认为你是宽容大度的圣母，只有你自己知道，内心深处的那片愤恨与绝望从未减少过一分。你想努力掩盖自己道德上的优越感，可是，就算是演技一流的演员也未必能保持二十四小时的最佳状态。最终，你还是会不自觉地流露出你的不甘，以及居高临下的态度。

在内心的最深处，你之所以原谅对方，与其说是因为爱，不如说是因为你实在无法忍受孤单一人的感觉。你宁可两个人抱着互相残杀，也不愿意独自一个人轻松上路。

3 - 3

我并不是说，人不应该给另一半“第二次机会”。某些错误是值得给第二次机会的，某些错误则是不值得的。当你分析一切利弊后，仍然愿意再试一试，也是无可厚非的。关键的问题在于，为什么要给一个人第三次、第四次、第五次，甚至是第十次机会？要不要原谅恋人，让爱情继续下去，首先要考虑的不是“对方有多惨”“失恋以后有多孤单”之类的问题，而是要问自己——我真的想原谅他吗？原谅他以后，你打算两人之间怎么相处？原谅他以后，是不是一切都会好起来？

人生就好像是森林。这个森林里有糖果屋、猴子、松鼠、猎人、巫师，还有数不尽的陷阱。作为森林里的一员，你想要好好地活下去，就必须从陷阱中习得经验。对于聪明人而言，他根本不需要自己尝试一次陷阱的滋味，他只需要看着同伴掉下去一次就立刻明白哪条路是不能走的。普通人则需要亲自摔个鼻青脸肿，才懂得哪些地方是不能去的。笨蛋就是，他总是摔在同一个陷阱里，虽然每次疼了哭了，但就是不能把教训记到脑子里。

为什么有的人不容易受伤？为什么有人谈一次恋爱就脱一层皮？不容易受伤的人并非是出于天性冷漠麻木，而是他们愿意为了坚守底线而忍耐痛苦。他们愿意做正确的事情，而跳过舒适且危险的选项。他们能够抵抗住短期抱团取暖和安全感的诱惑，果断割裂过去，大步向前走。

chapter ◆ 37

如何逃离一段糟糕的恋情

1 - 4

我最喜欢的作家，绝对有王尔德。

身边很多朋友觉得王尔德“不会写人话”，明明很简单的意思，他非要大量地使用排比和比喻；有时候又尖刻得要命，简直令人受不了。小时候，老师带我们读王尔德的时候，我也不是特别喜欢他，不过这个不怪王尔德，主要是我们读的译本过于可怕。

再几年，我偶然在书店里读到《狱中书》的原文版，那是王尔德写给同性恋人道格拉斯的书信。这些书信让我看到，王尔德不再是那个高高在上，或者妙语连珠的文豪；他拥有无比瑰丽而温柔的内心世界，即使经历过种种变故后，他仍然提醒自己要在心中存留爱意。他是那么的温柔，那么的热爱艺术。

就如同王尔德在书信中所写，作为出身良好、接受过良好教育、并且享有知名社会声誉的男人，他原本可以度过完美的一生。毁掉完美的开始，就是从他和道格拉斯的恋情开始的。他是美少年，他不仅大肆挥霍王尔德的财富，且情绪极度不稳定，感情生活混乱。王尔德对他无条件投入情感和宠爱的时候，他甚至不愿意照顾生病的王尔德，并且写信道“如果你不是那个高高在上的王尔德，那么这一切将不再有趣”。按照现代的话说，道格拉斯就是个妥妥的渣男，王尔德深知道格拉斯心中的虚荣、仇恨、狂躁。可是，即使他的生活被这位美男子彻底毁掉以后，他在出狱后仍然选择和道格拉斯在一起。

我的那位讨厌王尔德的朋友说：“如果说王尔德的作品真的有什么价值的话，那就是劝告后人千万不要爱上人渣。”不过我觉得这个没什么用，不知道多少人读过《狱中书》后，被疯狂的恋情和渣男吓得半死，但是，他们还是有可能遇到很渣的另一半，并且与之结婚。

2 - 4

渣男也好，渣女也罢，他们都有一个共同的能力，能够在短短的时间内把你生活中所有美好能量剥夺而去。尽管两人之间也有许多欢乐的时光，但是痛苦的时光则更多。日子就像坐过山车一样，好的时候特别好，坏的时候特别坏，分分合合打闹不断；对方的那些恶习，比如说劈腿乱搞、不克制、暴脾气，是永远都改不掉的，但他又能让你心存想念，仿佛一切真能好起来。

若是从旁观者的角度看来，会觉得陷入这样恋爱的男女很傻。我的好友小鱼，刚刚结束一段长达五年的孽缘。大家都颇为费解，小鱼各方面条件都不错，为什么要偏偏选一个又穷又没人品的男人？可是，那个男人身上恰恰拥有小鱼最为看重的东西，比如说，浪子般的生活态度，永远能创造刺激和快乐，长相也很不错……她曾经抱怨自己从小到大的生活顺利得不像话，这个男人就像是一场完美的冲突，让她痛苦、让她流泪，也让她得到自己长久以来所渴望的戏剧化生活。

这真是很讽刺的事情，有一些奇怪的生活体验，只有不那么正直的人才能带给你。每个人身上都有一些特别的渴望和表演欲，就如同小孩子哭的时候，家长来哄他，反而会哭得更厉害。每个人身上都有一种渴望，即成为中心，被关注；甚至有许多人，包括害羞如我，也会突然之间冒出一些被关注的欲望。人有时候会想变成另外一个人，循规蹈矩的女生会渴望发生超越以往生活经验的恋爱，各方面都不错的男生也有可能被个性很奇怪的女生所吸引……就是那些外人看起来很不堪的交往对象，却经常带给我们许多意想不到的惊喜。尽管他们总能伤透你的心，另一方面，也能带给你预想不到的东西。

3 - 4

我曾经认识一个女生，她和男朋友纠缠多年。那个男人一点儿都不好，残酷、冷漠、脾气诡异，在世俗社会中也谈不上成功。不过，他确实是制造浪漫生活的高手：即使是买矿泉水、吃路边小吃之类的小事情，他也能把这一切处理成堪比偶像剧的桥段。在这段恋爱里，他是导演、编剧、策划、演员，独自撑起整场嘉年华戏剧节。女生被这些华丽的布景和惊心动魄的情节深深吸引，当快乐达到一定程度的时候，痛苦也是可以忽略不计的。既然知道在剧烈的痛苦后，将会引来柔情与浪漫，那么痛苦也就不算什么了，越是抱着这样的想法，就越会发现两人之间更加分不掉了。

要远离不好的恋人，删电话号码、写邮件骂对方、去日本旅行疗伤都不太有用。只要内心没有完全放下来，改天对方再来几条短信，几句温柔的话语就又被哄回去了。所谓的孽缘就是，无论对方怎么折腾你，或者你怎么把对方折腾得半死，最终你们又和好，继续进入那条循环链中。

那个女生和我说，真正决定离开那个男人的时候，是因为换了一份很好的工作。公司里的同事都很不错，年轻、活泼、善良、上进，渐渐地，她突然之间意识到眼前的那个男人什么都不是，不，具体来说，以前所有吸引自己的特性都没有了。那些浪漫情怀变成庸俗矫情，那些理想主义情节变成白日梦，那些随心所欲变成缺乏自我控制力……就那样，她曾经认为很好的男人，现在只是什么都不是的 Loser。

不知道是谁说过，你对某个前任、某个渣男念念不忘，最主要的原因是你没有碰到比他好的。譬如说，你见过金城武这样的男人，就很难觉得门口的洗剪吹小哥很帅气；见识过善良真诚的男人，就肯定不会认同“向往残酷”的男人的价值观。如果你陷入某段糟糕的恋情且不能自拔，最重要的事情是要走出去看看，当你看到越多的好东西，自然就不会对烂东西产生留恋之情了。

4 - 4

糟糕的恋人虽然能摧毁你的生活，但是他们身上有一种奇怪的引力，总能把你重新拉回去。就如同我们学过的物理知识一样，如果你想要脱离某种东西的引力，最重要的东西是要跑得足够快；只有足够快，你才能逃离；只有足够快，你才能摆脱对方对你的控制。不是劝告自己“不要爱这个人”，而是要经历一些事情，让你自然而然地不爱这个人。让那个人吸引你的品质变成渣渣，从此以后，你对那个人就再无多余的感觉了。

chapter

38

※

如何判断 TA 是不是靠谱的另一半

作者的话：我总觉得“一千个人眼中有一千个哈姆雷特”，同理，“一千个人眼中有一千个 Mr.Right”。写这篇稿子的时候，其实心底觉得很犹豫，觉得说教的意味太强了，但是仔细想想又觉得，那么糟糕的择偶观念不正一直误导着大家吗？这些乱七八糟的观念，轻则阻碍了我们的幸福，重则让我们付出惨痛的代价，所以，在纠结很久以后，决定还是写一篇关于择偶方面的文章。

※

[论靠谱的重要性]

前段时间，我收到一封豆邮。

来信者是个女生，她现在正在处理离婚的事务。

结婚前，丈夫就是一个很情绪化的人，心情好的时候对人特别好，心情不好的时候就会乱发脾气，甚至有虐狗的倾向（把泰迪的脑袋按到水池子里）；但是，他心情好的时候就特别好，对家人女朋友都很体贴。

她也纠结过，最后觉得“只要对我好就行了，有个缺点算什么”，干脆就和这个男人结婚了。

后来，他们有了孩子以后，丈夫的脾气仍然阴晴不定，给家庭、孩子都带来巨大的困扰，后来发展到家暴的程度。她感慨“以前觉得他很靠谱，国企，本地人，经济条件也不算太差，现在真觉得自己看走了眼”。

靠谱，表示可靠，值得相信和托付的意思。

国企，本地人，经济条件不差，并不能充分满足靠谱的条件。外在的条件固然很重要，但是评估一个人是否可靠，还得评估整体的综合分数。

※

[选另一半，长相重要吗]

曾经在某个深夜，我从机场坐出租车回家，听到一个广播，一个女人向主持人控诉“我老公那长相太不行了，我看到他都没性欲啊”。当时我差点没有乐出声儿来。

但是仔细想想，自然就会知道外貌的重要性，对于人类而言，视觉终究是一种很重要的体验。对方可以不是传统意义上的大帅哥，或者公认的大美人，但是 TA 符合你的审美，你看到 TA 的时候，心里会觉得舒服愉悦。

我不想假装外貌不重要，心灵才是一切，和一个不顺眼的“好人”结婚，还不如和基友打游戏更带感呢。最恰当的方法是，你把自己收拾得干干净净，然后找一个让你舒心顺眼的另一半结婚生子。

※

[结婚以后，他也不会变好]

尽管女性主义已经在国内开始萌芽，但是不少人仍然有一种“男人出轨可以原谅，女人出轨就要吊死桥头”的糟粕观念。

在这种观念的指导下，很多女生看到男生沉迷暧昧，在社交软件上乱勾搭，脑海中浮现的解决方法就是“忍”，或者认为结婚以后就好了。实际上，就算你生了孩子，他仍然是照玩不误。

对于是否要原谅出轨，我个人没有太多意见，它是个人选择问题。但是你要知道这个选择意味着“他还会有下一次”“他还会伤你的心”。

在这里，可能会有人跳出来反驳我，“男人的天性就是如何如何”，用天性作为借口本来就是非常荒唐的，人类有杀戮的天性、有掠夺的天性、有伤害别人的天性，是否意味着我们就可以做这种事情？唉，人类进化了那么久，还没有学会怎么克制丛林里的恶习，未免也太悲哀了吧。

※

光对你好是不行的

你一定听说过以下的故事：

一个女生和不爱的男人结婚，原因很简单，因为他对她好……

一个女生不和劈腿男分手，就因为他正常的时候对她好……

一个女生赚钱养一个只知道宅着打游戏的男人，就因为他偶尔对她好……

总而言之，“对我好”像是一个魔咒扣在女生的脑袋上，似乎有这件事情就万事大吉了。

有些人对你好带有强烈的表演成分，他们对别人好，并不是由于贴心和爱意，而是为了证明自己是一个“很了不起的人”，把生活当成偶像剧的剧场罢了。

“对你好”固然是一件重要的事情，但是你要选择的是一个合适的伴侣，而不是无微不至照顾你的妈妈。这个世界上会有很多人对你好，所以不要着急把这个标准放到“第一位”，更不要因为“对你好”，而忽视 TA 其他的致命缺点。

一个对你再好的人，你也无法容忍他天天在家里打游戏、聊陌陌、不认真工作；一个对你再好的人，也会在觉察你“不够爱他”的时候转身离去。

※

理想对象，应该有哪些个性

人品好这个形容词已经被滥用到丧心病狂的程度，任何一个没有什么优点的人都敢跳出来自称人品好。所谓的品性优良是由几个重点组成的：三观正、有底线、有同理心。

三观正的重要性就不用多说了，若是遇上一个是非不分的男人，处理分歧是丝毫指望不上他的，你们甚至有可能没法一起讨论问题。

至于底线，我觉得它是经常被忽视的美德，现在不少人喜欢嚷嚷着“我要不择手段成功”，千万别觉得这种腹黑挺萌的，他既然对别人没有底线，也会迟早对你翻脸。

最后说说同理心，年纪小的时候，对于男人的要求莫过于长得帅、有才华之类的；但是在实际生活中发现，温柔有同理心的人才是能给别人带来幸福的人。有同理心意味着你抱怨“我好难受”，他不会跳脚和你说："你为什么难受？你凭什么难受？"同理心意味着在你流泪的时候，他不会训斥你"哭什么哭"；尽管没有人能百分百理解另外一个人的感受，但是同理心把你们衔接在一起，至少他会努力感受你、安慰你。

※

[请，直面内心的欲望]

人既然活着，当然得面对钱的问题。房子、车子、养孩子的钱，这些统统都是事儿。

选择一个伴侣，不仅要考虑他以后怎么样，更要考虑当下的他是否是你能接受的。

你要做好他一辈子不怎么改变的心理准备。你甚至要认真地考虑，在未来的某一天，你是否会对现在的选择后悔。当下你会认为钱只要足够到尼泊尔玩一趟就好了，三十岁以后你有可能会觉得有房有车太重要了。

不要羞于启齿谈论你对物质的向往，直面内心的欲望，认真考虑自己想要过什么样的生活，不要浪费时间，在最开始的时候就朝着那个方向奋斗。

※

[让你心力交瘁的，都不是好东西]

想必看到这里，必然会有人认为"世界上哪旦找得到这么十全十美的家伙”。

当然，每个人都有缺陷，你需要找到一个平衡的方法，抓住最重要的原则，忽视一些不太重要的缺点；而不是反过来。我们都知道想要幸福并不是容易的事情，但往往困难重重、令你心力交瘁的爱情都不是什么好爱情；Mr.Right 不是什么高等数学，他不会给你设置重重障碍，只会给你带来享受与愉悦。

※

chapter ◆ 39

如何判断 TA 是不是真的爱你

1 - 3

在我还是中学生的时候，常年流连于学校旁边的小书店。

那时候的书店比现在的书店有趣多了，里面有许多日本和欧美的重口味漫画书，港台歌迷杂志摆满整整一面墙，自然，还有最受大家喜爱的各大少女杂志。

少女杂志很有趣，十块钱一本，里面有萌萌的手绘画、短篇小说、星座运势，还有许多情感问答。最常见的问题就是，XXX 老师，我的情况是如何如何的，你说，他是真的爱我吗？

时隔多年，我也从在书店里看少女漫画的小孩子，变成一枚专业的撰稿人。在这个过程中，我惊讶地发现这些问题并没有消失。每天，我打开邮箱，或者微信账号，都可以看到很多人问我“你说我的男朋友是不是爱我”“我的女朋友对我是认真的吗”，诸如此类的问题。这个问题总是蔓延在一代又一代人的心中，也蔓延在一场又一场的恋爱中。我的好基友章小汤，是一名纵横情场多年的软妹子，在遇到真正心仪的爱人的时候，也开始变得紧张兮兮起来，开始怀疑对方是不是真的在投入，还是只是一时玩乐而已。那段时间里，章小汤总爱约我们吃饭，事无巨细地讲述他们相处的过程，揪着小事情不放，拼命地询问我们的意见。有时候，那个男生发短信少了几个字，打电话晚了几个小时，她立刻就紧张兮兮地纠结起来。她在之前所积累的所有的恋爱经验通通不管用，原本那副玩世不恭的态度现在完全是紧张。无论人们多么倡导恋爱的理性，可是情感就是凌驾于理智之上的东西，你若是曾经全身心投入过某件事情，自然能明白我所说的感觉。

2-3

当我们判断一个人是否爱自己，首先要思考一个问题：对方是否有爱的能力呢？

爱的能力不是情感之间的萌动，它是通过艰难学习而拥有的技能。在我们特别年轻且中二的时候，其实并不懂得什么是“爱别人”，更多的是渴望有一段感情，然后刺激、快乐、陶醉、享受就好了；至于责任什么的，就是口头上说说啦，就算想做也完全不知道应该如何下手。我们错把占有欲当爱情，误把不讲理当浪漫。爱一个人，意味着你要呵护、要付出。

爱是学习出来的。我们先从父母和师长那里体验到爱与关怀，长大以后，我们也渐渐知道应该如何对待身边的人。我们开始实践这种爱，在生活的每一处善待和爱别人。爱是分享、是温暖、是给予；爱是对另一半的认可，不是打着爱的名义伤害或贬低他人。不会爱，不见得是一种错。缺乏这种技能不会让你死掉，但真的会让你缺少很多乐趣。要是运气不好碰到不懂爱的恋人，那么，这段恋情必然是一场灾难。

我们都听过女神嫁给家庭贫寒的男生的故事，婚前，她是高高在上的女神；婚后，她则是一家之主。她无法放弃自己的优越感，动则就是贬低和打压对方。她需要丈夫满足自己所有不合理的要求，否则就是对自己不好。丈夫若是做得有什么令她不舒心，或者迟迟赚不到钱，她就会勃然大怒，使用最为尖锐的话语讽刺对方一番。有一种观点认为这个女神把自己的大好年华放在这个男人身上就是爱，我却不这样认为。这个女生需要的不是爱和家庭，而是让自己体验到女王权威的奴仆。爱一个人，你首先要对他有内心的认可，更不可以看不起他的智商、家室、学识、人生价值观。其次，绝对不能打着为对方好的旗号，或者宣称为了激励对方，而去奚落对方。这种打击不仅不会让对方变好，反而会彻底摧毁对方的自信心。

我曾经认识一位作曲家朋友，她的作品相当出色，无论是天赋还是知识都远在同龄人之上。后来，她交往了一个男朋友，那个男生虽然号称着“真爱”之类的，平日却对她的作品指指点点。男生不停地否认她的才华，又不断强调自己是出于好意。在她决定不再念作曲系的时候，她无意中发现了男朋友年轻时代的作品。那些作品，幼稚、青涩，甚至是糟糕的。她终于明白，这个男人的教导并不是为了“自己好”，而是想要通过这段感情来满足自己的征服欲和教导欲。他需要的是崇拜者和服从者，而不是一个能平等交流的对象。他不会爱，不愿意爱，却希望能被爱。

3-3

一个爱你的人，除了会尊重你，他还会愿意与你分享自己所认为珍贵的东西。

珍贵的东西，未必一定是金钱。工作繁忙的男生，愿意每天抽出时间跟你约会，陪你做一些琐碎的小事情，那就是爱；没有安全感的女生，愿意把你介绍给家人和朋友，那也是爱……爱不是时时刻刻都说“我爱你”，它是通过一件件事情体现且塑造而成的。当你把对方的利益放在前位的时候，当你开始照顾对方的感受，当你开始愿意成为对方脆弱时的支柱的时候，爱就产生了。你不需要总在纠结一个人爱不爱你，闭上眼睛，问问自己的心就知道了。爱是难以被掩饰的，即使你们在争吵的时候，它也会跑出来，阻挠你们说出刻薄伤人自尊的话语。反之，一个经常让你质疑“他到底爱不爱我”的恋人，也极有可能是真的有问题。你觉得不爱，那就是不爱；你觉得爱，那就是爱。你不需要纠结他少写一个标点符号或者多写一句话，你需要的是遵循自己的直觉。

爱你的人会把你看得很重要，你会出现在他的人生规划里；在他每个左转右拐的决定中，你都是被考虑到其中的因素。他到底爱不爱你，只要稍微回忆片刻，听听自己的直觉，你自然就会找到答案了。

chapter

40

※

屌丝青年的
逆袭指南

※

屌丝之所以为屌丝

想写这篇文章是从一个豆邮开始的。

豆邮如下（已得到公开授权）：

Emma 艾小玛，关注你专栏很久了。我是一名二十五岁的男生，研究生毕业，家境普通，现在我在北京工作。到了社会以后，觉得自己是彻头彻尾的屌丝，也交不到新朋友，觉得生活很压抑、很痛苦。每天除了工作就是在家宅着。屌丝应该怎么办呢，是不是屌丝就会一直屌丝下去，永无逆袭之日……求指教逆袭方法。

屌丝之所以沦为屌丝，是由于各方面都达不到比较好的标准。他们对于生活、事业缺乏足够的承担与创造能力，这种障碍必然会导致经济困难。有人讨厌屌丝，也并非嫌弃他们穷，而是他们身上散发出来的怨气、反智、对美的蔑视让人避退三舍。

乔治奥威尔在 *Down and Out in Paris and London* 中充分描述了贫困带来的种种问题，它让你降低自己的生活标准，无暇思考。当贫穷成为一种习惯，人们会开始适应无趣的低质量的生活，认为自己不可能过上好日子，于是干脆继续浑浑噩噩地活下去。

我当然不知道怎么从一毛钱都没有的人变成比尔·盖茨，或者教你怎么创业成功登陆纽交所。在本文中，我只讨论怎么让你从困境中变得稍微好一点儿，让你一团糟的生活变得顺一点儿。

※

[外貌篇]

先从外貌说起来吧。

我觉得我的人生好运气从初中开始。那一年夏天，我瘦了二十斤，留了长头发，戴上了隐形眼镜。外貌的改变带给我新的自信，社交障碍几乎不治而愈。

外貌是重要的，人类既然拥有眼睛这种感知器官，必然会用它去感知和评判他人。

心灵固然是可贵无价的，但是并不意味着外貌毫无意义。大部分人并不需要美到范冰冰、上野树里的程度，你只需要达到平均人的水平，不让外貌拖你的后腿，不会在面试、社交、提案的时候，由于长相太猥琐而被刷下去。

记住，你并不需要那么美，你需要的是让人觉得舒服。胖瘦不是问题，世界上也有很多好看的胖子，主要是要把自己收拾得干干净净，不流露出油腻腻的气质。

❶ 站姿、坐姿、走路姿态

这是一个经常被忽视的问题。

有些人努力把自己打扮得很不错，但是走路的时候总忍不住缩成虾米的样子，或者坐在椅子上大大咧咧地抖着二郎腿，即使你穿着香奈儿，也掩盖不住不雅的气息。

买一块大镜子，或者上几节芭蕾舞课，它们会教你如何不做作地挺起背部，双臂放松地走路。

❷ 发型、眼神

请仔细看杀马特，还有特别 Low 的发型，他们有一个相似之处，就是几乎都把五官挡住了，头发不是显得太厚就是削薄到没有质感的程度。还有，如果不能保证定期补染，就不要改变头发的颜色，或者选择即使掉色也看不太出来的颜色。黄一截黑一截的发型，简直太损形象了。

不要在发型上不舍得花钱，选一个稍微贵一点、靠谱的发型师。如果真的不舍得花钱，就别剪太复杂的造型。

大部分人，尤其女生，都是不戴眼镜比戴眼镜好看。

隐形眼镜的危害并没有那么大，既然你可以吃下富含慢性致癌物的烧烤和炸鸡，隐形眼镜这点危害几乎可以忽略不计。强生、博士伦，或者更贵一点的视康，不要太早对这件事情抗拒，认真选一款适合你的隐形眼镜，并且在重要的场合戴上它。

一款合适的隐形眼镜，能让你脱胎换骨。

小贴士：和别人说话的时候眼神不要飘忽不定，尽可能地聚焦呦！

❸ 打扮

我觉得打扮是因人而异的。

如果对打扮一窍不通，就尽可能选择不花哨的穿着打扮。选择简约、朴素，尽量有质感，不要亮片，也不要金光闪闪。上班的时候可以选择 COS，部分 GAP 的衣服，软妹子们可以看看日系品牌，如 S2M、Earth

Music&Ecology 之类的，赶上打折其实也不太贵。

如果你没有什么钱，千万不要赶太超前的时尚，有一些东西只有大牌做的才好看，抄袭的牌子都弄得一塌糊涂。经典款（小黑裙、衬衫之类）就不一样了，大家都已经抄得轻车熟路，而且经过几代的改良，特别靠谱。

※

【态度篇】

有一些人说话直白，但仍然让人觉得很舒服；而有一些人说话也直白，但你听来就特别想抽他。

这些差异是由展现出来的态度造成的，世界上有理性可爱的态度，也有让人崩溃的毁三观。在修炼自己的时候，改变自己看待世界和面对事物的态度，是至关重要的。

我在这里简单说几个个人认为重要的态度。

❶ 知道自己不知道

我们每个人的心路历程是有规则的。它们是这样发展的：

我不知道——我认为我自己什么都知道——我开始迷茫——我知道自己不知道什么、知道什么。

许多人发展到第二层次，或者第三层次的时候就停滞不前了。无论是世界观还是价值观，都会随着人的年龄不断更新，不要害怕更新，并且要常常审问自己。

得意扬扬地站在那里，以为自己知晓天下所有的事物，光是那副嘴脸就让人受不了啊。

❷ 懂得尊重、被尊重

我觉得世界上最屌丝的想法就是“得不到才是最好的”。

这种特性即使是在小说中，也是颇为惹人讨厌的，更别提在现实生活中了。尊重他人，意味着明白和感受到别人的付出，并且心怀感激、回报他人；当你懂得尊重别人的时候，也要为自己赢得尊重，赢得尊重靠的是好口碑、有底线。

❸ 相信自己值得拥有更好的生活。

遇到渣男依然觉得他是 Mr.Right；遇到抠门又忽悠的老板依然认为这是自己的事业；遇到极品亲戚，也觉得自己就是属于这个家……这些心态，其实都蛮糟糕的。

哪怕是出于自我安慰，你也要告诉自己值得拥有更好的东西；或许有人认为这是廉价的励志，但我更愿意把这一切视为“不太早投降”。

投降以后就没有任何机会了，不投降，还有翻身的可能性。

※

[经济篇]

穷，显然是没有办法立刻解决的问题。

但是你能让自己穷得不那么窘迫，你需要做的事情是暂时从贫穷里抽离出来，从忙忙碌碌里抽离出来。对于经济尴尬的青年，我只有三条建议，保持干净和健康、多读书、多修炼行业技能。

赚钱的门道很多，卖煎饼可以赚钱，写方案也可以赚钱，写 YY 的起点小说也能买上北京的房子，关键不在于你做什么，而在于你是否做得足够好。

不过对于赚钱，我见过更多的是被利用的伤心事。许多挺好的年轻人，非要巴结一些说话漂亮，自称从政府到商界都有关系的大忽悠，最后好处捞不到，倒是累了个半死；还有什么喝酒喝到胃出血，Case 却没有拿下来；辛辛苦苦哄着权贵，却一个子儿都拿不到……

如果你没有良好的出身，没有什么极其稀缺的资源，那么倒不如磨炼自己，练就一些独特的技能。

与其坐在这里抱怨自己不是高富帅白富美，不如想想我有什么东西是别人需要的？认真磨炼出别人需要的技能，再考虑怎么把自己的东西卖出去。

※

[修炼的开始]

我觉得人最无奈的地方在于，为了往前走，你总得不断和过去的事情告别。

年轻的时候，街边麻辣烫就足够美味了，现在却觉得要吃得健康安全、膳食均衡；以前会觉得晚上喝几瓶啤酒才痛快，现在却开始戒酒游泳。你对生活越来越有要求，并不说明你不淳朴了，而是你开始变成更好的人；把粗俗当成真性情，把无知反而当成直率，是一件不够雅观的事情。

不要由于害怕失败而假装自己不想变好，也不要因为朋友的劝说而停止自己往前的脚步。屌丝根本不可怕，满足于现状也没有问题，可怕的是你明明渴望更多的东西，却不敢去追求。

行动起来，迟早有一天你会亮瞎所有人。

chapter ◆ 41

≈

男人，就是管不住的呀

1 - 4

我最讨厌的文章之一，就是教别人怎么管老公管老婆。

最让我郁闷的事情是，多年不见的女同学读完我写的书以后，通过好多人联系到我，就是想问问我“到底应该怎么样才能把老公管住”，然后她又问我应该掐住老公的钱财，还是应该偷窥手机；相对于删掉他所有的女性友人的电话，是不是还得限制他和哥们儿出去喝酒。

说起来，真不知道管男人这种风气是从哪里来的，简直恶劣得要命，先是掐住对方的钱财，然后限制他这个那个，谈个恋爱恨不得要接管别人的生活，这种控制欲简直强到应该看心理医生的程度。不仅没有人劝这种女生挂号，反而拍手叫好，剩下那个可怜的男人在旁边惨兮兮、丧失尊严地蹲在那里。我不明白，如果你不喜欢自己的人生丧失自我控制，凭什么认为男人就应该这样活着？

如果一个女生真的认为彻底控制一个男人，就能够保证婚姻幸福，对方不出轨，全心全意，那么就大错特错了。对方开头表示的驯服，可能是出于爱，出于荷尔蒙的刺激，所做出的冲动决定，这个部分也不能说明是女人有本领，更多是自愿往坑里掉。如果这时候，女生表现得得意扬扬，继续进行高压控制，那么糟糕的事情就会发生了。生活在高压之下的人类，哪怕每天遭受行动、言语的限制，但是渴望找回自己人生的天性迟早会萌发，你让我每天回家，可以，那我就在单位里用社交软件和小姑娘骚聊；你不给我钱，没事，想办法藏私房钱，拿花言巧语去骗小姑娘呗。总而言之，在男女私生活都如此开放的年代，出去乱搞一点儿都不难，只要存了这个心，就肯定能找到这个人。

但凡稍微有一点生活经验的人，或者在年夜饭稍微留点心的人，总是会听到某某某老实巴交，老婆也管得特别严，谁知道最后却跟小三出轨了之类的。大家纷纷叹息一声，拿出史学家般的模样，如数家珍地算着这个人的老婆多厉害，平时都怎么管男人的，都有哪些厉害的手段。比如说，藏到内裤里的钱都能找出来，或者跨越N个省找到老公出差的宾馆。三姑六婆并不满足于此，还要对男人进行一番严肃的批评，感叹他们简直就不是东西，就是一种靠下半身思考、道德败坏的群体，得出一个“男人就是要管”的结论。我记得自己第一次听到这种谈话的时候，觉得毛骨悚然，觉得唯有搞拉拉才是正道，唯有和西本老师交往才是通往幸福人生的唯一道路。

2-4

等到自己真正谈恋爱了，才真的发觉管别人是一件好无力的事情。站在自己的立场上看，希望对方做这样那样的事情，即使会沟通，但是对方也未必真愿意，所以就常常希望用强迫、念叨的手段来达到目的。这种方式偶尔会有效，一段时间过去了，彼此却变得极其劳累，无论是精神上还是肉体上，皆是如此。

“你能不能相信啊？我不是 Loser，我这辈子做过很多成功的事情。不是所有人都要按照你的方式去生活，我也有自己的生活方式。你能不能相信我的价值判断，我对自己的安排？”终于有一天，对方跑来和我说了一顿。

直到有一天，我真的累得不行了，绝对再也不管对方几点看书，几点看网页，拖延症发作怎么办；再加上那段时间自己也手忙脚乱得很，就投入干自己的事情了。可是回头一看，发现对方竟然没有把生活搞成一团糟，还活得精力充沛，对生活自信心满满。我的一个学物理、平日爱好社会心理学的朋友拿出一本社会心理学的著作给我，并且在微信里给我长长地说了一段，大概的意思是根据某某年某某人的某某实验，一个人遭遇到相对应的诱惑的时候，通过个人意志力拒绝该诱惑后，对于该东西的免疫力将会得到提高，并且会持续性地获得良好的自我感受。站在这个理论的基础上，或许我们不应该强扭一个瓜，而是尊重对方的意志，让他做出自己所相信的选择。

3 - 4

曾经看过一篇文章，大概是说无论在哪个年代，女人之间都流传着一套驯服男人的秘笈；在古代，民间流行着形形色色的古怪巫术，按照方子做了以后，浪子会变成贴心男人，不爱你的丈夫也会回到你的身边。到了现代，人们不再相信神魔鬼怪，而是投身于 iPhone 定位系统，偷窥社交软件的收件箱……科技让人们生活更便利，也让女生能更好地管理男朋友。

问题是，为什么不放手？为什么不设置好底线，不开心分手算了？为什么不能够意识到，你永远不可能管对方一辈子？为什么高压控制只会让对方感到痛苦、压力爆表，却仍然要做这样的事情？

常见的原因无非有几个，第一个就是要命的控制欲在作祟，“尊重他人的生活方式”常常沦为一个正确的口头禅，实践起来真是要命的难，这个没什么好说的，就是时时刻刻提醒自己要尊重其他人，要克制指手画脚的欲望；第二个就是对方确实是一个超级无敌大混球，平日喜爱勾搭妹子，行为不端，只要你离开家一天，他就能去和妹子约会。这种人，就算你天天如同老鹰一般盯梢，他还是有本事抽出空隙乱搞，除了把自己累得筋疲力尽，别无他法。正确的做法应该是睁大眼睛选好男朋友，建立好彼此的底线，触犯规则的人被淘汰出局，坚持规则咱们就继续走下去。恋爱也好，结婚也好，最终的目的不就是快乐愉悦吗。

4 - 4

有人喜欢相信只有高压管控一个男人，他才能够老实、服帖，这个说法明显不太靠谱，想要控制一个人的意志是非常非常难的事情，这些粗暴的技巧只会让事情变得更加糟糕。作为我们这样的人，管一只哈士奇不要咬网线都管不好，凭什么觉得自己能够控制另外一个自由的意志呢？就算你能管住他三五个月，但是你怎么能保证自己能控制他一辈子？

这种高压控制只会让原本愉悦的情感关系变得痛苦，在你得意扬扬、为自己高超手段四处炫耀的时候，你的伴侣可能正在深夜里辗转难眠，想着为什么生活变成这个德行了。建立在别人痛苦之上的安全感，某种程度上也算得上是恶性。

如果你无法相信一个男人，无法相信他能管理好自己，无法相信他履行婚姻基本底线，或者说，他确确实实表现出令人无法信任的一面，那么，你要做的事情不是压制对方，而是要想想："我真的要继续恋爱下去吗？""我真的要这样子过一辈子吗？"

现实令人痛苦，也令人绝望，就如同浪子不会回头。你是不是驯男高手，对于我而言，实在是知识有限，无法向大众传授"如何让男人百分百不出轨的独家秘籍"，只能说保持快乐、保持沟通，比每日登录男朋友微博一百次更管用吧。不要相信不可相信的人，也不要因为自己过去不顺利的情感经历和天涯里乱七八糟的帖子而怀疑一个诚实可靠的人。

爱对了人，你不用管他，他也不会出轨偷吃。爱错了人，你天天跟踪在身后，他也会趁着你上洗手间补妆向咖啡小妹搭讪要电话号码。给他自由，让他在自由中学会自我约束，这比什么恋爱窍门都更有用。

chapter ◆ 42

≈

异地恋的目标是什么

1 - 4

我觉得，异地恋什么的最反人类了。

两个相爱的年轻人，最应该做的事情是吃饭看戏，阳光好的时候，就拎着小篮子去郊外，坐在草坪上野餐聊天。然而，异地恋把这些美好的娱乐变成泡影，他们近则隔着几百公里，远则隔着大半个地球，只能通过电话和短信来维持感情。

以前我有一个室友，她自称从小到大就是女汉子，内心强大乐观，很少哭，也很少沮丧。她和男朋友是大学四年的同学，彼此之间很了解，感情也较为牢固。但是，当他们开始异地恋的时候，她原本对彼此的感情自信满满，但是日子久了，心底也开始冒出一些小声音“他到底爱不爱我”“我们的感情就这样了吗”，诸如此类的问题。异地恋可以视频、发微信、写邮件，但是有一些事情怎么可能是通过网络能说明白的？当你不在对方身边的时候，你就很难理解对方的许多感受，两人之间自然也就产生了无法言说的陌生感。

爱情的感觉是虚无缥缈的，也是真实地存在于日常生活中的。它是两个人交流所产生的共鸣感，隐藏于每个拥抱和亲吻当中。距离会让这层互动变得越来越薄弱，就如同多年不见的闺密，再见面的时候也难免觉得隔阂陌生。异地恋的时候，我们需要用大量的想象填补这段恋爱的空缺，可是这个本身就经常会让人觉得无力。

2-4

我认为，所有靠谱的异地恋应该有一个明确的目标。这个目标就是——结束异地恋。至于那些“宣称”没有目的、顺其自然的异地恋，大部分都是一种消耗，彼此都不愿意戳破迟早要分手的那层窗户纸，口头上说着相爱，又不愿意付诸行动，打算通过拖着拖着淡了就分手了。这种含蓄的方法是颇为流行的，早年台湾言情书里就有了，背信弃义的女二号从来不说分手，一边说着爱，一边就再也不给男朋友写信了；到了现实生活也是一样的，男生不好意思说分手，只能通过实践来表明立场，不打电话，减少发短信，想方设法躲着女朋友，直到对方受不了。这种异地恋的方式，就是等着两人之间谁先受不了而愤然分手。

但是说到“结束异地恋”，又得面临一个更为严肃的议题，就是到底谁投奔谁的问题。女生总希望男生投奔自己，一个是显得对方特别爱自己，一个是会得到一种莫名其妙的安全感，否则就会觉得失去自我。

我们经常对“自我”产生一些误解，似乎只要爱上一个人，或者从北京搬到上海，“自我”这个东西就没有了。所谓的“自我”实际上是在不停调整的，小时候你觉得每天吃糖果就是自我，长大以后又觉得放荡不羁才是自我，再大一点，你的“自我”又变成热爱养生和锻炼；这个“自我”是一直在改变的，这个世界上并没有一个真正、永恒的“你”。

3 - 4

当开始讨论“谁应该去谁的城市”时，必须从现实的角度进行考虑。它应当是结合实际，秉承着一个“向上走”的原则进行思考的。比如说，如果对方在大城市干得蒸蒸日上，对于未来孩子的教育和生活有明显的好处，你要求对方回到三线小镇里来就不合适；再比如说，她在国外读PHD还没有毕业，而你的工作是说辞就可以辞的，那么你要求对方放弃学业回来自然也是胡扯的。

两人考虑去哪个地方生活，应该全方位地考虑物价、孩子、未来的规划、社会福利等因素。而不能仅仅因为“我爱你”，所以扔下工作就跑到对方城市去了，这个根本不是成年人的做法。经常有朋友说我为人不够浪漫，但是，我实际上是一个非常重视情感体验的人。因为不想把感情和婚姻搞得一团糟，所以更加应该谨慎地做选择。好婚姻不仅仅是因为拥有爱，更是因为两人共同做了许多正确的选择，尤其是在一些关键的大问题上。

当你们决定好城市以后，就可以考虑筹备迁徙的问题。

迁徙是一件很有意思的事情。如果不是迁徙，我们人类也不会遍布全球，更不会探索出新大陆。在无数年前的人类，他们没有GPS，没有电脑，没有《野兽诱捕指南》，他们永远不知道下一顿饭是什么，前路是什么，明早会不会被大灰狼吃掉。即使如此，他们仍然跨过干旱的盆地、迷宫般的森林，一次一次地寻找着最适合居住的家园。

幸运的是，对于现代人来说，迁徙的成本已经没有那么高。你随时随地可以买张机票回到原来的城市里；在新的城市里，同样有连锁便利店、超市、购物中心，只要再找一份工作，去参加个读书俱乐部的活动，你很快就能找到新的朋友圈。

无论你是男生，还是女生，在决定迁移到对方的城市之前，一定要想清楚一个问题：这么做是一种牺牲，还是一种让我感到愉快的选择？如果是前者的话，那么，你肯定并不太适合跑到对方的城市去。抱着“牺牲者”的心态，你会渴望对方给予你许许多多的回报，可是，对方可能也要学习，要伺候难缠的老板，偶尔会有一些做得不到位的地方，那么，你就会觉得不甘心，觉得我为你放弃这么多，你怎么能这么对我？这种话一旦说出口，就几乎没有挽回的余地。小时候，我们考试考砸的时候，父母念叨着如何为你牺牲，那些话是不是听起来烦透了？

恋人之间也是一样的，张口就是如何为对方牺牲，简直令人难以忍受。所以，任何一件事情你若是觉得是牺牲，那么最好的选择就是——不要去做。

4 - 4

恋爱本是难事，修成正果也只是小概率事件。

异地恋更是降低了修成正果的概率，它是如此脆弱和不堪一击，所以需要你花费更多的心思维系这段关系。要多打电话、要多发微信、要想法多见面，如果可以，一定要商量如何结束异地恋和进行规划。我们可以忍受痛苦，但必须知道为何要忍受，以及它的终点又在哪里……当然，也有可能，我们会一直未知下去，直到很远很远的未来。

后记

※

写后记的事情，我是完全不擅长的。准确地来说，这是我写的第一篇后记，所以，完全是怀着非常紧张的心情来写的。

编辑大人说，可以写写自己写这本书的经历，或者感想之类的东西。我觉得这个经历非常乏味，若是真写出来，恐怕会让读者见笑。想来想去，觉得自己真正想写的东西已经在前面写完，现在唯一想做的是表达心中的感谢而已。

无论你是什么类型的读者，讨厌我的，还是喜欢我的，既然你能翻到这一页，愿意将珍贵的时间花费在我所写的文字上，那么这就是我莫大的荣幸。之所以能坚持写作，坚持写专栏，坚持写完这本书，都完全是源自于读者对我的支持。因为被喜欢，所以觉得自己有义务写下去。这段话是不是看起来有点不要脸？颇有一种“你们喜欢我，我才写的哟”的那种推卸责任的感觉？没错，我很喜欢写作。不过，多亏大家的支持，让我有不断加油的动力！总而言之，谢谢每一位读者，你们给我的人生带来非常巨大的意义。

其次，还要感谢曾经任职于豆瓣的学雅，如果不是她邀请我去写专栏，我就不会有这本书；在我写作的过程中，也是她提醒我更新，帮助我修改错别字。由于我的粗心大意给她添了很多麻烦，她却从来没有责怪过我。后来认识的几位豆瓣的编辑苍苍、老鱼都给我提供过不同程度的帮助，他们的慷慨与善意为像我这样的年轻作者提供了很好的支持。我也非常感谢负责此书的范筱薇，她帮助我厘清这本书的思路，得以让书稿质量得到升华。我一直说，自己能成为作家并不完全是天赋与勤奋，更多是其他人对我的厚爱。前辈与编辑们明明可以把机会给别人，最终却给了我。

然后，我要感谢小纯，他的耐心、慷慨与学识，在我撰写这本书的途中给了我许多启迪。还有我的挚友ZJL，她陪伴我度过许多艰难的时光，我将永远不会忘记我们那些彻夜长谈的时光。

承蒙所有人的关照和厚爱，让我能够写出这本书。

希望大家会喜欢这本书！

谢谢！

2015年3月6日

图书在版编目（CIP）数据

你可以拥有你想要的生活 / 艾小玛著 . —北京 : 北京联合出版公司 , 2015.5

ISBN 978-7-5502-5339-1

Ⅰ . ①你… Ⅱ . ①艾… Ⅲ . ①成功心理—通俗读物 Ⅳ . ① B848.4-49

中国版本图书馆 CIP 数据核字 (2015) 第 105314 号

你可以拥有你想要的生活

作　　者：艾小玛

选题策划：范筱薇

责任编辑：管　文

版式设计：@_ 叁囍

北京联合出版公司出版

（北京市西城区德外大街 83 号楼 9 层　100088）

北京市雅迪彩色印刷有限公司印刷　　新华书店经销

字数：153 千字　　700 毫米 ×980 毫米　　1/32　　印张：8.25

2015 年 6 月第 1 版　　2015 年 6 月第 1 次印刷

ISBN 978-7-5502-5339-1

定价：36.80 元

未经许可，不得以任何方式复制或抄袭本书部分或全部内容

版权所有，侵权必究

本书若有质量问题，请与本公司图书销售中心联系调换。电话：010-82069336